解惑 政和白茶

王秀萍　余步贵　等　编著

中国农业科学技术出版社

图书在版编目（CIP）数据

解惑政和白茶 / 王秀萍等编著 . -- 北京：中国农业科学技术出版社，2023.3
ISBN 978-7-5116-6203-3

Ⅰ.①解… Ⅱ.①王… Ⅲ.①茶叶—介绍—政和县 Ⅳ.① TS272.5

中国国家版本馆 CIP 数据核字（2023）第 021383 号

责任编辑	徐定娜
责任校对	王　彦
责任印制	姜义伟　王思文

出 版 者	中国农业科学技术出版社
	北京市中关村南大街 12 号　　邮编：100081
电　　话	（010）82105169（编辑室）（010）82109702（发行部）
	（010）82109709（读者服务部）
网　　址	https://castp.caas.cn
经 销 者	各地新华书店
印 刷 者	北京科信印刷有限公司
开　　本	170 mm×240 mm　1/16
印　　张	10
字　　数	160 千字
版　　次	2023 年 3 月第 1 版　2023 年 3 月第 1 次印刷
定　　价	100.00 元

《解惑政和白茶》
研究资助

国家茶叶产业技术体系（CARS-19）

国家茶树改良中心福建分中心

福建省茶树种质资源共享平台

福建省茶树育种工程技术研究中心

"5511"协同创新工程——福建优异茶树种质遗传特性与生化品质变化规律研究（XTCX-GC2021004）

福建省级种质资源保护单位建设专项——福建省茶种质资源圃（ZYBHD-WZX0011）

福建省农业种质资源创新专项——福建原生茶树种质资源保护鉴定与开发利用（ZZZYCXZX0003）

福建省农业科学院茶叶创新团队（STIT2017-1-3）

福建省优秀科普教育基地建设

《解惑政和白茶》
编著人员

主 编 著：

王秀萍　福建省农业科学院茶叶研究所　副研究员、博士

余步贵　政和县茶业协会　会长

　　　　福建政和瑞茗茶业有限公司　董事长

副主编著：

杨　扬　作家（福建省作家协会　会员）

叶火琳　政和县茶业发展中心　副主任

李雪慧　政和县文联　主席

陈常颂　国家茶叶产业技术体系　岗位科学家

　　　　国家茶树改良中心福建分中心　主任

　　　　福建省农业科学院茶叶研究所　研究员、硕导

参编人员：（以姓氏笔画为序）

许大全　吴明禧　余华珠　张　健　张应美　陈凯阳

陈诗豪　段　滔　黄声峰

2023年春天正在姗姗走来。惊蛰已过，虽然还要逾越一个闰二月，想来闽山闽水之间那辽阔的茶园已然被春风吹遍？茶的王国也是千军万马，可喜古老的茶县——政和，以《解惑政和白茶》一书吹响了春天的号角。

福建省北部的政和县是茶的故乡。政和茶人顶着古人进贡"白茶"获赐皇帝年号——"政和"为县名的无上光环而不迷茫，拥有层峦叠翠、溪涧纵横、风和日朗、优越的产茶环境而不自满，他们的愿望一直是不辜负历史人文与自然给予政和茶的恩赐，用科学的理念打造好茶产业，用精准的数字说好政和茶话，为茶友们奉上一杯美好的政和白茶。

《解惑政和白茶》是茶产业科学与文化珠联璧合的成果。2017年8月，国家茶叶产业技术体系岗位科学家陈常颂研究员赴政和挂任科技副县长（分管茶产业），作为茶树育种领域的领军人才，陈副县长常常被人呼为"茶县长"。他访遍政和县的茶乡古村，开过许多场茶叶科技讲座，还提议编写一本《政和白茶百问百答》。他与现任政和县茶业协会会长、福建政和瑞茗茶业有限公司董事长余步贵先生一见如故，无数次交流政和茶产业的发展举措。他们一致认为，在广阔的市场上，政和白茶目前对于很多消费者而言依然是陌生和神秘的。很多茶友不知政和白茶有多美多好，或者不知政和白茶美在哪里、好在哪里、何以成就美好。这种劣势是急需扭转的，应该由志同道合的人一起从历史文化，从科学的端口，从实践的端口来答疑解惑，编著出版一本《解惑政和白茶》。

政和县是白茶的主产地，政和白茶作为地理标志产品又有其特殊气质，做茶与品茶建立在科学的基础上才是福祉。茶人们的确非常需要这样一本书来迎接白茶的春天和崭新的机遇。

政和白茶是令人回味的，然而令人感动的是政和茶人们所奉行的求实创新的科学精神，令人信服的是一杯白茶里的科技含量。《解惑政和白茶》这本书是政和一众茶人多年实践与理论的心血凝结，既对历史文化娓娓道来，注重考证，行文严谨，又对种植、加工、贮存、品饮环节等进行了深入浅出的解读。俗话说"外行看热闹，内行看门道"，消费者看懂门道、生产者深谙门道并坚守门道才得茶道之真谛。

第四届南平市政协主席 中国作家协会会员
福建省文史研究馆馆员 中国朱子学会顾问

2023 年 3 月

前言

　　白茶是中国也是福建省特有的茶类。现代商品白茶起源于清代光绪年间，最初指主产于福建福鼎、政和的干茶表面密布白色茸毫、色泽银白的"白毫银针"，后来又产生了白牡丹、贡眉、寿眉、白毛猴、新工艺白茶等其他花色品类。白茶主销国外，至今已有上百年的外贸历史，世界白茶96%产自福建的福鼎、政和、建阳等市县，其中，福鼎市、政和县的白茶产量约占福建白茶总产量的80%，政和白茶产量仅次于福鼎白茶产量。政和白茶出口量曾占全国白茶出口总量的70%以上，政和县已成为全国最大的白茶出口基地之一。

　　政和县位于福建南平、宁德与浙江丽水三市接合部，处在鹫峰山脉北段和武夷山脉东北段，原名关隶县，有"雨洗青山四季春"和"高山云雾出名茶"的独特气候地理环境，是个古老的茶乡和天赐的种茶宝地，产茶历史可追溯到一千多年前的唐末五代时期。宋真宗时期，关隶县是著名的建安"北苑贡茶"重要产地。政和五年（公元1115年），宋徽宗品饮了来自关隶的白毫银针贡茶后龙颜大悦，将年号"政和"赐为县名，政和县成为全国因茶得名的第一县。

　　长期以来，茶产业是政和县的传统产业和特色产业，有着"千年白茶、百年工夫"的美名，因政和县所产的白茶和红茶品质优异，名扬九州。而政和白茶长久地被作为外销茶叶商品，也造成了部分国内消费者对其的忽视乃至不知，直至今日在国内市场占有的份额和销量也还远远不及绿茶、红茶等茶类。近年来，为大力发展政和县茶产业，充分开拓内外销市场，茶叶的品牌化营销势在必行。"政和白茶""政和工夫"等传统名茶的品牌建设如火如荼，捷报频传。2007年3月，"政和白茶"通过国家质量监督检验检疫总局地理标志产品保护认证；2008年3月，政和县获国家经济林协会"中国白茶之乡"称号；2008年，《地理标志产品　政和白茶》国家标准通过国家质量监督检验检疫总局、国家标准化管理委员会发布并于同年10月正式实施；2009年，"政和白茶"获得国家地理标志保护产品和地理标志证明商标，并被认定为福建省著名商标；2019年12月，"政和白茶"被认定为中国驰名商标。

伴随着"政和白茶"知名度的不断攀升，其生产、营销和消费人群都在与日俱增，茶叶市场中良莠不齐、鱼目混珠的现象也愈演愈烈，及时、准确地传播政和白茶相关的历史文化、科学技术等知识已成为专业人员的当务之急和责任担当。

作为一款传统而独特的中国名茶，政和白茶的前世今生有着怎样的联系？用于制作政和白茶的茶树生长在怎样优良的生态环境中？都有哪些茶树品种适合选种？茶树如何栽培管理？不同的鲜叶采摘标准又是怎样造就不同花色品类的政和白茶成品？如何辨别政和白茶与其他产地的白茶？如何鉴定和品评不同等级、不同年份的政和白茶？日常如何贮藏政和白茶？政和白茶产业的现状究竟如何？进一步的发展规划又是怎样……这些问题都将在本书中一一得到解答。

《解惑政和白茶》是一本学术性和实用性兼具的政和白茶"知识大百科"，希望本书可以为广大茶叶生产者、教育和科技工作者和茶叶消费者提供参考。同时，因编著者的文字水平和研究程度有限，书中难免存在不妥之处，恳请读者批评指正。

编著者
2023年3月

目 录

一 历史与文化

二 生境与茶园

三 良种及特性

四 工艺与设施

五 产品及特征

六 贮存与保管

七 品鉴与泡饮

八 饮茶与健康

参考文献

附录

插图清单

附录六

附录七

一

历史与文化

（一）政和白茶的起源

关于政和白茶的起源，有民间传说和赐县名两种说法。

一是民间传说。神农氏被普遍尊为中国茶始祖，因世界上第一部药物书《神农本草》中记载："神农尝百草，日遇七十二毒，得荼而解之"（这里的"荼"即是茶）。与这个传说异曲同工的是，追溯政和白茶的起源，民间流传着银针姑娘斩黑龙、夺茶树、解时疫以及制白毫银针的故事（杨扬，2009）。

二是赐县名之说。据明代永乐年间的政和知县黄裳主持编撰的第一部《政和县志》记载："政和五年，改赐今名。"政和五年即公元1115年，在这之前县名为"关隶"，传说是因为这年进贡的白毫银针茶使宋徽宗龙颜大悦，因而将其年号赐给关隶县作新的县名，而政和白茶也自此闻名遐迩（杨扬，2009）。

两个传说的共同点：第一，茶的源头是药，先药用然后饮用。白毫银针在政和民间用于小儿退热和祛暑的习俗由来已久。第二，茶有解毒和杀菌的功效，白茶尤其明显。第三，白茶的最初采摘和制作人是女性。很多民间故事专家认为神农是母系社会领袖，是女性。因此，政和白茶的采摘和制作源于民间，今天的政和白茶是由古白茶演变而来。政和民间"晾白仔"（制白毫银针）贮存做药的习俗和茶的传说能够互相印证。

据考证，关于白茶的文字记载最早可追溯到唐代，陆羽《茶经·七之事》（吴觉农，2005）引《永嘉图经》的记载："永嘉县东三百里有白茶山。"北宋学者宋子安的《东溪试茶录》（杨东甫，2011）记载："茶之名有七，一曰白叶茶，民间大重，出于近岁，园培时有之，地不以山川远近，发不以社之先后，芽叶如纸，民间以为茶瑞。"宋徽宗赵佶（1082—1135年）编撰的《大观茶论》（杨东甫，2011）云："白茶自为一种，与常茶不同，其条敷阐，其叶莹薄，崖林之间，偶然生出，虽非人力所可致，有者不过四五家，生者不过一二株，所造止于二三銙而已。"不过，这些记载里的"白茶"指的是叶片有发生白化现象的野生或栽培茶树品种，与现代所指的白茶产品不是一个概念。而明代田艺蘅（1524—?）《煮泉小品》（杨东甫，2011）中"茶者以火作为次，生晒者为上，亦更近自然，且断烟火气耳"的记述是比较接近现代白茶的加工方法的，因此，现代白茶堪称是古老而又年轻之茶品。

据陈椽教授（1984）的考证，现代白茶起源于清代，最初指主产于福建福鼎、政和的干茶表面密布白色茸毫、色泽银白的"白毫银针"。清嘉庆初年（1796年），福鼎茶农用菜茶（有性群体品种）的壮芽为原料，创制了白毫银针。约在1857年，福鼎大白茶品种选育繁殖成功，于1885年起改用福鼎大白茶品种的壮芽为原料制作白毫银针。1880年左右政和县成功选育繁殖政和大白茶品种茶树，1889年开始产制白毫银针。随着白茶产业的发展壮大，后来又陆续产生了白牡丹、贡眉、寿眉、白毛猴、新工艺白茶等花色品类。

（二）政和白茶与"北苑贡茶"的渊源

自太平兴国二年（977年）起，宋朝廷便在闽国御焙——"北苑"的基础上遣使监造贡茶，是为"北苑贡茶"。"北苑"的中心位于建安县城北约15千米处（今建瓯市东峰镇的凤凰山一带），彼时朝廷在此设立32处官焙制茶，又有各种私焙1 336处，分散在建宁府各地（宋时闽北一带叫建宁府，政和是建宁府所辖的县之一），以满足社会的需求（李隆智等，2019；杨扬，2009）。

建宁府多溪流，溪属闽江上游，总称建溪，一条发源于崇安（今武夷山市），流经建阳至建瓯，俗称西溪；一条发源于松溪、政和与浙江庆元交界处，俗称东溪，两溪在建瓯交汇后流向南剑州（今南平市），汇入闽江。因此，宋徽宗在《大观茶论》中将建宁府的贡茶称为"建溪之贡"，而宋子安所撰《东溪试茶录》所指的东溪一带，实际上就是包括政和及周边的北苑贡茶生产区域（杨扬，2009）。宋代制茶、饮茶、斗茶风行一时，当时政和县东平里、高宅里、长城里、东衢里、感化里都是很有名的茶焙（茶叶加工作坊）所在地（图1-1）（杨扬，2009）。

图 1-1　政和县龙焙贡茶遗址
（政和县茶业发展中心　供图）

（三）政和白茶的发展历程

1. 唐末至清末的跌宕起伏

政和县的茶叶生产最早可追溯到唐末五代，当时县名为"关隶"，包括关隶县在内的建州一带是著名的北苑贡茶的主产区（杨扬，2009），茶叶不仅关系着国计民生，还成就了政和几百年来"因茶改名第一县"的荣耀。

从宋太宗太平兴国年间开始，北苑贡茶就成为贡茶主要品种，甚至在其他茶叶皆罢贡以后，建茶仍成为唯一的贡茶（王超，2020）。据宋代茶书的记载，北苑贡茶相继有"贡新銙""试新銙""白茶""龙团胜雪""御苑玉芽""万寿龙芽""上林第一"等40余种品目，其中的"白茶"和"龙团胜雪"须惊蛰前采制，十日而完工，以快马于仲春（三月）运抵东京（今河南省开封市），是以号曰"头纲"，无怪乎成书于大观元年（1107年）的《大观茶论》里，宋徽宗赵佶把"白茶"列为贡茶中的第一佳品（陈宗懋等，2011）。随着北苑名品的层出不穷，政府的买茶额（也称岁课额、租额，是宋政府规定的茶叶生产者"茶园户"每年必须向官府交售的茶叶总量）指标不断提升，贡茶产量也逐年增加，从北宋初每年产茶五六万斤逐渐增加到三十万余斤（王超，2020）。政和五年（1115年），徽宗皇帝品饮了关隶县进贡的茶叶后龙颜大悦，将年号"政和"赐作县名，改"关隶县"为"政和县"，并将建安县（今建瓯市）东北部的东平里、高宅里、长城里、东衢里、感化里并入政和县，这五里均设官焙制作北苑贡茶（杨扬，2009）。元明时期，北苑贡茶和团饼茶走向式微，散茶兴起，并逐渐成为主流的茶产品。

清嘉庆元年（1796年），政和县茶商周可白、邱国梁等人，用本地菜茶试制了4箱白毫银针茶，运往香港地区、澳门地区销售，获利颇丰，从而带动了政和白毫银针茶的生产（政和县地方志编纂委员会，2018）。清代晚期，政和大白茶茶树被发现并在随后不断进行人工繁殖与培育。光绪十五年（1889年），政和大白茶茶树的鲜叶开始用于制作白毫银针，并从此开启了畅销欧美的历史，并因其品质独特优异而价值不菲，产量也越来越大（陈橡，1984），民间流传"嫁女不慕官宦家，只询牡丹与银针"之说（杨丰，2017）。由于茶叶外销持续增长，政和茶业一度进入鼎盛时期，茶行茶栈遍布，茶楼茶庄林立，茶商茶客络绎不绝（图1-2、图1-3），这种盛况一直延续到民国初年（政和县地方志编纂委员会，2018）。

图 1-2　政和县杨源乡花桥村古茶道

（杨扬　供图）

图 1-3　拥有两百多年历史的政和古老茶楼

（《政和茶志》总编室　供图）

民国初年，政和白茶为大宗出口商品，1912—1916 年为其生产和外销全盛时期；1917—1921 年受战争影响，政和的白茶几乎停产；1934 年以后，政和白茶的生产才逐渐恢复起来，1935—1939 年，政和县年产白茶量分别为 300 担、1 084 担、1 170 担、217.5 担、1 340 担，并以内销为主。据 1939 年出版的《闽茶季刊》载，当时政和县有登记的茶号 54 家（其中以红茶为主的茶号 44 家，白茶为主的 7 家，乌龙茶为主的 3 家），占全省茶号数的 12%；1940 年后至中华人民共和国成立的几年间，受战乱和社会动荡等的影响，政和白茶的产量还不到 1939 年的 20%，相关的各产业也走向凋敝（政和县地方志编纂委员会，2018），正如 1919 年编写的《政和县志》所述："茶兴则百业兴，茶衰则百业衰"（杨丰，2017）。

2. 现当代的创新与崛起

据《政和茶志》的记载（政和县地方志编纂委员会，2018），中华人民共和国成立后，政和的茶叶生产迅速恢复了生机，茶叶产量和技术水平不断上升，开创出一个个新的局面。1950 年 4 月，"中国茶叶公司福建分公司建瓯茶叶收购处"成立，并在政和设立专门的白茶、红茶毛茶收购站（危赛明，2019）；1951 年 3 月，中茶福建公司正式创办政和茶叶精制厂（图 1-4），当年产茶 5 000 担，出口 3 000 余担，从 1954 年开始，政和白茶全部由中茶福建公司下计划生产并统一采购、出口我国港澳及东南亚等地区，产量和出口量逐年上升；1955 年，福建省农业厅在政和县建立大白茶良种繁殖场，采用先进的"短穗插播"技术繁育茶苗 2 亿多株，不久，"政和大白茶"品种的种植区域扩展到了福建省的其他县市和贵州、江苏、湖北、湖南、江西、浙江等南方茶区（杨扬，2009；杨丰，2017）；1957 年，由福建省供销合作社茶叶管理处下达礼茶生产任务，政和茶厂制作白毫银针 150 市斤，以供接待外宾需要；到 20 世纪 60 年代，政和所产的白毫银针作为特殊高级茶类，被中茶公司列为指定生产对象，按合同包销以供应国外市场（危赛明，2019）。

图 1-4　新建的政和茶叶精制厂（摄于 1954 年）
（《政和茶志》总编室　供图）

1958年7月，政和县创建了以茶叶生产为主的国营稻香茶场（图1-5），下辖茶园2 300多亩（1亩≈666.67平方米，1公顷＝15亩，全书同）。稻香茶场在此后各个时期的经济发展中都发挥了重要作用，特别是在茶树栽培技术推广和品种引进及茶叶加工方面，发挥了很好的示范性作用。1965年7月，福安专署农场管理局在稻香茶场成立茶叶试验站（政和县当时划属福安专区）。1982年，稻香茶场改造低产茶园项目获"福建省科技成果四等奖"。1985年，稻香茶场被评为"福建农垦企业先进单位"，获省政府表彰（政和县地方志编纂委员会，2018）。

图1-5　1958年建立的政和国营稻香茶场

（福建政和瑞茗茶业有限公司　供图）

1985年，"政和大白茶"品种通过全国茶树品种审定委员会认定，成为国家级茶树良种（品种审定编号GS13005-1985）。1988年，政和县大量引进福安大白茶、福鼎大毫茶、福云6号等中、早、特早生优良茶树品种，种植面积达2万余亩，使全县茶园早、中、晚生品种搭配合理。20世纪90年代初，港澳客商直接到政和产地采购白茶。1995年，政和县进入全省茶叶生产"十强县"行列，当年产茶2 670吨，位居全省第9、南平第2。到20世纪90年代末，政和白茶已占据了港澳主要市场（政和县地方志编纂委员会，2018）。

2000 年 9 月，时任福建省省长习近平视察政和白茶生产时，在品尝政和白毫银针后给予了高度好评——"清甜幽香，醇爽甜美"。2003 年，政和县茶园面积达 7.5 万亩，产茶 9 000 吨，产量占全省的 70% 左右，跨入全省茶叶生产"六强"县行列（政和县地方志编纂委员会，2018）。

2004 年，茶界泰斗张天福先生到政和考察，在品尝政和白茶（白牡丹）后，对其优异的品质大加赞赏，挥毫写下"政和白牡丹名茶形、色、香、味独珍"（图 1-6）（政和县地方志编纂委员会，2018）。2004 年以后，随着白茶保健功效研究的深入开展和宣传报道，白茶逐渐被国内消费者认可和喜爱，白茶的国内市场销售也逐年不断增长。

2007 年 3 月，政和白茶率先被国家质量监督检验检疫总局认定为"国家地理标志保护产品"（图 1-7）（杨丰，2017）。

图 1-6　茶界泰斗张天福先生为政和
白茶题词

（政和县人民政府　供图）

2008 年 3 月，经过中国经济林协会专家委员会考察认定，政和县被命名为"中国白茶之乡"（图 1-8）（杨丰，2017）。

图 1-7　政和白茶
"国家地理标志保护产品"授牌

（政和县茶业发展中心　供图）

图 1-8　政和县"中国白茶之乡"授牌

（政和县茶业发展中心　供图）

图 1-9 "国家农业标准化白茶生产示范区"授牌
（福建政和瑞茗茶业有限公司 供图）

2008 年 6 月，福建政和瑞茗茶业有限公司（由政和县稻香茶叶有限公司与福建茶叶进出口有限责任公司合资兴办）建立的白茶生产基地获国家标准化管理委员会批准，成为第六批"国家农业标准化白茶生产示范区"建设基地，并于 2011 年 9 月通过验收（图 1-9）。2008 年 10 月，国家标准《地理标志产品 政和白茶》"GB/T 22109—2008" 开始实施，这是我国白茶标准中颁布最早、内容较为完善的地理标志产品标准。2009 年 12 月，"政和白茶"文字及图被评为"福建省著名商标"（政和县地方志编纂委员会，2018）。

2012 年 7 月，白茶制作技艺（政和）被列入南平市第四批非物质文化遗产项目名录（杨丰，2017）；2017 年 1 月，白茶制作技艺（政和）被列入第五批福建省级非物质文化遗产代表性项目名录扩展项目名录。2019 年 12 月，"政和白茶"被认定为中国驰名商标。此外，还有 9 家企业的 9 个商标获省著名商标认定。

（四）政和白茶在民国时期的辉煌

1. 著名茶人

在政和白茶史上，民国时期的著名茶人有范柳材、陈协五及其子陈世封，还有李翰飞、宋师焕（1904—1948）、郑照、杨作楫等人（政和县地方志编纂委员会，2018；李隆智等，2019）。

1）范柳材（1889—1940年前后）：字列五，号昌义，政和铁山东涧村人，出生于茶叶世家，创立了昌义茶庄，年产成品茶1 000多担，销往广州、香港，出口安南（越南）、法国、德国等，声名赫赫，东涧村人为其立祠供画像，奉为"茶圣"。范列五创制的"白毛猴"于民国七年（1918年）和民国十八年（1929年）分别获得"建瓯茶叶展览会优等奖"和"杭州西湖博览会二等奖"，时任福建省省长的萨镇冰（1859—1952）曾亲自题赠匾额"玉泉仙掌"以示褒奖。范列五还创制了"莲心白毫"茶，于民国二十五年（1936年）获福建省特产竞赛会特等奖，同时获奖的还有裕祥茶行的政和白毫和政和工夫。

1940年春，著名茶学家陈椽（1908—1999）被委派到政和设立制茶所，他聘请了50多岁的范列五为顾问，筹划一切，范列五又引荐了当地开明绅士秦光前（1893—1987）为制茶所副主任，负责建所任务和技术指导。

2）陈协五（1876—1941年前后）：字高纪，清末秀才。1919年，在政和县城创办的"义昌生"茶行正式挂牌，雇用大量工人从事毛茶采购、加工、拣剔等，产茶量达千担以上，主要经营政和红茶与白茶类产品，产品全部由福州的"高丰"和"蔡记"两茶行包销，远销越南、泰国、德国及俄国等，生意兴隆。

3）李翰飞（1890—1951）：原名李联昇，政和城关的茶叶富商，初为茶贩，人称"贩子鬼"，后生意扩大，民国初年就在城关东门一带开设了"李美珍"茶行，该行以出品和销售白毫银针茶闻名（图1-10），李翰飞同时还跻身政界成为一大乡绅，1926年起任政和商会会长。

4）杨作楫：1844年11月1日

图1-10 "李美珍"茶行的出口白茶茶箱
（《政和茶志》总编室 供图）

出生于今政和县石屯镇工农村，他是一位关注国运的爱国茶商，他与萨镇冰的交往被传为一时佳话。杨作楫因常年运茶由福州、泉州沿海出口而结识萨镇冰，萨镇冰任海军总长时，杨作楫曾两次捐助军饷。杨、萨两人的交往一直保持到暮年。杨作楫80岁（1924年）和83岁（1927年）生日时，时任福建省省长的萨镇冰均赠牌匾祝贺，匾上的亲笔题字分别是"令德孔昭"和"厚泽乾坤"。至今，这两块匾额仍保存完好。

2. 知名茶行

民国时期，特别是第一次世界大战前，政和城关白茶购销兴隆。民国三年（1914年），政和全县有50多家茶行经营白毫银针，其中资本雄厚，名气较大的招牌有"庆元祥""万福盛""聚泰隆""万新春"等，这些茶行均与福州茶商挂钩，从政和收购银针后运往福州再转销世界各地。据县志记载，当时政和白毫银针的收购价曾达到每担叁佰陆拾元，全县茶叶年收入达叁拾万元。第一次世界大战爆发后，政和茶行纷纷破产，十之五六处于停业与半停业的不景气状态，直至一战结束后，茶叶产销才重又振兴。民国二十九年（1940年），政和县登记的外销茶号共计47家，它们都有相应的印章标识（图1-11），这些茶号出品的白茶均由福州港运销到世界各地。据统计，1940年政和全县出口茶叶26 003箱，折15 673担，产值超过百万元（中国人民政治协商会议福建省政和县委员会文史资料工作组，1982；政和县地方志编纂委员会，2018）。

图1-11 珍藏一百多年的政和茶行印章
（《政和茶志》总编室 供图）

（1）义昌生茶行：由陈协五创办。民国八年（1919年），陈协五在县长陈功的支持下扩大生产经营，兴建的厂区面积占地1 000多平方米，设收茶库、拣场、制茶车间；办公设有账房、客厅、书房等处所；宅区有四层阁楼，布置有花圃，后门通城关后街。义昌生茶行用人最多时，采购毛茶分东、南、西三路 20 余人；毛茶加工雇焙师 2 人，茶师傅一二十人；拣茶妇女两三百人；账房先生 1 人（叶同震），出纳 2 人（其一为陈协五的大儿子陈世恩）。生产和销售的茶品有政和工夫、烟小种、白牡丹、银针、白毛猴等，其中政和工夫、烟小种等远销俄国、德国（政和县地方志编纂委员会，2018）。

（2）李美珍茶行：由李翰飞创办。据说当时美珍茶行的白毫银针茶十分走俏，民间有"美珍一担银针换一担银元"的美传，据说美珍茶行的茶叶运输常常需要众多家丁护卫，其时场面十分威武壮观。茶行还兼制政和工夫红茶，产茶达千担以上，是政和茶行的"领头羊"，"李美珍"这个招牌当时在福州相当闻名（政和县地方志编纂委员会，2018）。

3. 出口盛况

民国时期政和白茶多出口国外，以白牡丹和白毫银针类产品最为著名。民国九年（1920 年），政和的东平、西津、长城一带大量生产"白牡丹"茶，主要销往香港。民国十一年（1922 年），铁山人范柳材产制的"白毛猴"年产量达 4 000 多箱，全部销往越南。民国十五年（1926 年），政和白毫银针畅销德国，每担收购价为 326 元，年出口达 50 多吨。民国二十七年（1938 年），政和白茶改为经寿宁斜滩至福安赛岐出口，白茶出口贸易遂向东辐射，当年出口白毫银针茶 435 件，价值 59 301 元。民国二十九年（1940 年），政和全县出口茶叶（以白毫银针及工夫红茶为主）达 26 003 多箱，折 15 673 担，产值超过百万元（《南平茶志》编纂委员会，2019；政和县地方志编纂委员会，2018；中国人民政治协商会议福建省政和县委员会文史资料工作组，1982）。

（五）政和大白茶的起源传说

政和大白茶是政和土生土长的茶树品种（图 1-12），属小乔木，其茶树

图 1-12　400 多年树龄的政和大白茶茶树
（政和县茶业发展中心　供图）

的芽和叶背都披有大量茸毛，且树势比灌木型茶树更为高大，因此得名。政和大白茶的栽植加工历史悠久，关于发现政和大白茶母树并进行大面积繁殖的历史，虽然大家都认可栽植始于清末，发源于政和铁山村，但民间存在"摇钱大白""风水大白""春生大白"三种传说（杨丰，2017），分述如下。

1. "摇钱大白" 说

传闻咸丰年间，铁山村（古称金山村）山中蕴藏金银，消息传至京城，皇帝派来御林军，把金银矿宝全部运走。皇帝得意之余，提笔在"金山"字旁，写了一个"失"字，金失为铁，从此金山村变成铁山村。有一天，一位仙翁来到村里，指点村民说："高仑山上长有摇钱树，可保佑你们发家致富"。果然，村民们在高仑山上找到了叶大芽肥的大茶树，于是竞相移栽繁殖，铁山村也从此兴旺起来。

2. "风水大白" 说

传说咸丰年间，铁山村有一位风水先生，走遍山中勘觅风水宝地。有一天，他在黄畬山上无意发现一丛奇树，摘其叶回家加工，成品的香味和茶叶并无两样，于是将此树进行压条繁殖，茶树长大后芽叶肥大，加工的成茶冲泡后味道很香，一时视为珍品，又因为此树生长迅速，人们于是争相传植，大白茶树就推广种植开来了。

3. "春生大白"说

这是茶业界普遍采纳的说法。传说在清末，铁山村农民魏春生家中的院子里种有一棵野生的树，起初没有引起注意。光绪五年（1879 年），院中土墙坍塌压没了这棵树，村人都叹惜树死叶枯。岂料翌年春天，由土墙崩塌处长出数十根枝条，生机勃勃，长势喜人，很像茶树的枝梢。当地人觉悟到此树可以压条繁殖，遂分割其枝，移植于铁山村高仑山头及至推广种植于全县茶园，政和大白茶树种的传播乃日见畅旺。

（六）政和白茶相关古诗词

文人开门七件事"琴棋书画诗酒茶"，茶在文人生活中必不可少。政和茶叶的产销自宋代"白茶"扬名以来日益兴旺，其时政和的茶事活动在文人诗和民歌中有生动的展现，本书仅择取数首鉴赏玩味。

答卓民表送茶
朱松［宋］

搅云飞雪一番新，谁念幽人尚食陈。
仿佛三生玉川子，破除千饼建溪春。
唤回窈窈清都梦，洗尽蓬蓬渴肺尘。
便欲乘风渡芹水，却悲狡狯得君嗔。

［注释］

幽人：指隐士，诗人自称。
玉川子：唐诗人卢仝，自号玉川子，一代茶仙。
芹水：古代江河名。
狡狯：狡猾的书面语。

［赏析］

这首诗（杨扬，2009）因事而作，因事有感。因春天新茶上市了，好友特意送来新茶，故朱松（1097—1143）写诗以表感激之情，同时也托茶事抒发基层闭塞，难得关注的感慨。

朱松是理学家朱熹之父，宋重和元年（1118 年）登进士，宋宣和年间为福建政和县尉。朱松爱茶，对盛产白茶的政和情有独钟。他政和任期满调任他方，辞官后又回到政和读书闲居，其父母双亲也择葬于政和。他除了自己买茶，每年新茶时节，还有朋友寄来新茶，于是作诗答谢。

朱松的诗切实明白，文风温婉，这首诗先是表达了品新茶鲜爽怡人如"窈窈清都梦"的美妙，末尾画龙点睛，直抒胸臆：欲渡芹水敬献好茶，却担心君王觉得自己用心机邀宠。除《答卓民表送茶》外，朱松还有茶诗作《董邦则求茶轩诗次韵》《元声许茶绝句督之》《谢人寄茶》等。

白云精舍
郭斯垕［明］

几度登临眼豁然，精庐回结白云边。
暝临天际千山雨，晴见人间万井烟。
稚子烹茶敲石火，林僧剖竹引岩泉。
吟余拂袖下山去，回首华栏在半天。

［注释］

精舍：修行、讲学传经的地方。

［赏析］

这首诗（政和县地方志编纂委员会，2018）写的是作者在政和高山之巅的白云精舍读书、煮茶之事，表达了心旷神怡之感。宋代朱松在政和建云根书院、星溪书院和韦斋，首开办学讲学风气，到明清时代，读书与品茶已成文人标配。

郭斯垕，字伯载，浙江会稽（绍兴）诸暨县人，明永乐年间举人，曾任政和县典史，寓居政和六年之久，访遍政和名山胜水、道观名胜和名人先贤，与政和结下很深的情缘，写下了上百首序、诗赋、游（碑）记、策论等。永乐三年（1405 年），他与知县黄裳主持编纂了首部《政和县志》（福建省较早的县志之一），为后人留下了丰厚而有价值的精神文化遗产。《政和县志》中有许多关于茶叶生产的记载。

咏茶
蒋周南［清］

丛丛佳茗被岩阿，细雨抽芽簇实柯。
谁信芳根枯北苑？别饶灵草产东和。

上春分焙工微拙，小市盈框贩去多。

列肆武夷山下卖，楚材晋用怅如何！

［注释］

被：覆盖。

岩阿：岩石。

芳根：指茶树，与下文"灵草"同。

东和：政和县的别名。

楚材晋用：本意是楚国的人才为晋国所用，诗中借指政和茶运到武夷山后就被当武夷山产的茶卖了（杨丰，2017）。

［赏析］

这首诗（政和县地方志编纂委员会，2018）不仅反映了清初政和县茶叶生产及销售的状况，也从侧面说明了政和与"万里茶道"的渊源。首联写茶树的良好生长环境和喜人的萌发态势，"细雨抽芽"指春雨中抽出的紫红、肥壮的茶芽；颈联描写了因政和当地茶叶烘焙技术欠佳，小贩收了茶只能到外地销售的情形。此诗作于乾隆五十五年（1790年），作者蒋周南时任政邑知县。作为一县之长，他自然关注和了解政和茶叶生产与销售存在的问题。

种茶曲

宋滋兰［清］

茶无花，香满家。

家无田，钱万千。

山农种茶山之巅，长镵短褐锄云烟。

今年辟山南，明年辟山北。

一年茶种一年多，绣陌鳞塍长荆棘。

塍陌年年要沃土，客土山崩怨春雨。

呜呜有鸟山上啼，飞去飞来诉茶苦。

茶苦茶甘两不知，新茶种后雨丝丝。

焚香默向山神祝，但愿明年茶叶齐。

明年茶叶如山积，山下肥禾去一石。

［注释］

长镵短褐：长镵［chán］，古代踏田工具；短褐，黑色粗布短上衣。

绣陌鳞塍：绣陌，华丽如绣的市街；鳞塍，密集的田垄。

塍陌：田间小路。

客土：为改良本处土壤而从别处移来的土。

［赏析］

这首诗（杨扬，2009）写种茶之事。政和县历史上以茶立县，因茶赐县名，茶兴则县兴，茶产业的价值在诗中以"钱万千"体现。茶树种植以绝对优势压倒其他方面，比如原来繁华的集市和农田被忽略，甚至长了荆棘，诗人在祝祷茶叶丰产的同时也深含隐忧。

宋滋兰（1854—1896）与宋滋薯（？—1887）兄弟均为清代政和县知名文人、官员，因光绪十二年（1886年）参加光绪丙戌科殿试，同举进士，人称"一门同榜两进士"，一时传为美谈。宋氏兄弟的故里——今政和县东平镇自古富庶，农工商各方面都比较兴旺。清末，东平镇白茶的生产和出口贸易已具相当规模，耳濡目染的宋氏兄弟饮茶赋诗，尽释文人情怀。他们流传至今的茶诗词有十多首，多反映当时的茶叶种植、加工和贸易盛况。

采茶曲

宋滋薯［清］

明珠不救饥，美玉不救寒。

如何采茶户，所顾在眼前。

谷雨雷起蛰，旗枪满空山。

男子摘朝露，女子寻夕烟。

粗叶持作饼，嫩叶持作团。

茶灶复茶磨，色香味俱全。

贾胡从西来，艨艟遥相连。

载彼阿芙蓉，酬我三春勤。

岂知农事废，处处有荒田。

［注释］

起蛰：惊蛰节气，茶树开始发芽。

旗枪：茶树嫩叶为"旗"，茶芽为"枪"。

贾胡：外国商人，这里指英俄茶商。

艨艟：战船，这里指茶叶运输船只。

阿芙蓉：即鸦片。

［赏析］

这首诗（杨扬，2009）反映了清代政和的茶叶加工与外贸情形。政和白茶和政和工夫红茶在清末和民国时期以出口外销为主，主要销往中国香港地区和英、俄和东南亚等地。

茶季时，常有外国商人往来政和购买茶叶，水路则先用小艇在城关南城门外星溪河岸装货，再到沈屯弯一带换大船，运到泉州、厦门出海；陆路则往东运到福安赛岐港。诗中尾句抨击了当时外国商人以贩卖鸦片来换取茶叶的危害情形，尽显作者忧国忧民的情怀。

（七）现当代茶界名家对政和白茶的关注

现当代以来，政和茶区一直是福建省乃至我国各大中专院校、茶叶科研院所的研究、示范基地，往来专家学者络绎不绝，其中著名的茶叶专家有陈椽、张天福、骆少君、陈宗懋，等等（李隆智等，2019）。

1. 陈椽（1908—1999）

一代茶学宗师，"二十世纪十大茶人"之一，近代高等茶学教育创始人之一，著有《茶业通史》，书中数次述及政和茶叶。陈椽教授是指引政和白茶制作技术科学化发展和进步的先驱。1940年，他任"福建示范茶厂"技师兼政和制茶所主任时，曾对政和白毫银针、白牡丹的加工工艺进行科学研究和定量分析，撰写了《政和白茶白毫银针、白牡丹制法及改进意见》一文并在《安徽茶讯》上发表（杨丰，2017）。1972年冬，他又到政和稻香茶场亲自指导茶园冬季施肥。他先后撰写了《政和白毛猴之采制及分类商榷》《福建之政和茶叶》《政和茶叶调查报告》《我与政和茶叶二三事》等有关政和茶事的论文资料，对政和茶叶品质的稳定和提高功不可没。

2. 张天福（1910—2017）

一代宗师、茶届泰斗，"二十世纪十大茶人"之一，1935年创办了福建省建设厅福安茶业改良场（福建省农业科学院茶叶研究所的前身），是福建茶叶揉捻机械的最早设计、改进和推广者，对福建茶叶生产和恢复作出重要贡献。张老生前多次到政和茶区调研（图1-13），指导企业改进设备和技术，在政和最长的一次调研达近半年时间。2009 年，由海潮摄影艺术出版社编辑出版的《茶话政和》一书正式发行，当张老拿到赠书时十分欣慰，爱不释手，并告诉身边的工作人员，他最喜爱政和大白茶制作的政和白茶和政和工夫，还曾给政和白茶题过字。随后，他向政和县茶叶技术指导总站回赠了一台水平仪。

图 1-13　茶界泰斗张天福先生考察政和茶业

（福建政和瑞茗茶业有限公司　供图）

3. 骆少君〔1942—2016〕

中国著名茶叶品质化学研究专家，曾任中华全国供销合作总社杭州茶叶研究院院长，国家茶叶质检中心主任兼《中国茶叶加工》杂志主编。骆少君研究员与政和茶企、茶人交谊深厚，对政和茶叶的品质给予肯定和信任，经常带领研究生到政和选购茶叶样品开展科学研究和品质分析。有一次，际浩茶业公司的某批次茶叶送样到骆老的实验室检测，意外检出农残微量超标，但同批次的茶样送到杭州检测农残却没问题，骆老迅速深入调查，查明是有些茶户拣茶时在身边点蚊香驱虫所致，于是再三叮嘱茶企负责人刘际浩一定要留心每一个细节，哪怕是很小的细节，刘际浩吸取了教训，从此对公司的茶叶生产过程管理更加严格（杨扬，2009）。

4. 陈宗懋

中国工程院院士，著名茶学家，中国农业科学院茶叶研究所研究员、博士生导师、中国茶叶学会名誉理事长和国际茶叶协会副主席，主持编著了《中国茶经》《中国茶叶大辞典》等茶学百科全书。陈宗懋院士曾多次来政和县指导茶园病虫害的绿色生态防控。2016年，他品饮政和白牡丹后赞不绝口，当场即兴挥毫题字："政和白牡丹，色香味独绝"（图1-14）。2017年，他来政和调研茶企，对白茶自动化生产技术及人工调控萎凋环境等创新技术予以肯定，并长时间在车间驻足，对茶叶萎凋、烘干、包装等各个环节认真询问，悉心指导。

图1-14　陈宗懋院士称赞"政和白牡丹，色香味独绝"

（福建省隆合茶业有限公司　供图）

（八）政和白茶品质特征契合传统茶审美观

一是"新"，古代人品茶崇尚清新。政和白茶采摘嫩度高（图1-15），尤以白毫银针和特级白牡丹（俗称"牡丹王"）最显著，选料为春梢，工艺上以

图1-15 春季采摘的政和大白茶鲜叶
（政和县茶业发展中心 供图）

"不破坏、不促进、不抑制酶促氧化"为原则，因此成茶品质毫香显露、清新爽口。如果存贮适宜，十数年后其茶汤仍清冽、芳甘。二是"净"，政和白茶的采摘、加工和品饮过程都显示出独有的干净质朴的品质。三是"静"，政和白茶新茶茶性偏寒凉，冲泡后汤水清亮，呈现出"淡泊明志、宁静致远"之审美意蕴。

（九）政和白茶何以获得消费者偏爱？

答：一方水土养一方人，一方水土也养一方茶。政和白茶有自己独特的品质特征：适口性强，有一种峭拔的锐气和高山气息，比其他产区的白茶更具厚度、醇度，更耐泡，滋味更稳定，香气更持久。政和白茶久存后其茶汤的细腻感、芬芳感、醇厚感尤为突出，很容易让人形成味蕾记忆，进而养成品饮习惯。而对于政和人来说，喝政和白茶还附上了因白茶"赐县名"的自豪感，是一种家乡的味道和故土情结，因而他们倍加推崇。

（十）政和民间茶俗

1. 开茶节

政和是古老的白茶之乡，自古以来茶事兴盛，采茶斗茶是茶乡人民日常生活的一部分，开茶节是政和茶人延续传统，感恩大自然的馈赠，以及对美好生活向往的集中体现。

自2019年以来，政和县每年春茶开采时举办政和白茶开采仪式（图1-16、图1-17），用热忱的呼喊，唤醒沉睡在大山里的春茶，用虔诚的祭祀，祈求风调雨顺，政通人和，百姓安康。先后在茶乡东平镇凤头村茶园、澄源乡石仔岭茶园、星溪乡富美村茶园举办了第一、二、三届政和白茶开茶节。举办开茶节活动主要有以下目的意义：一是借助开茶节活动，宣传政和白茶，展示政和茶产业风采，提升"政和白茶"品牌形象，让"政和白茶 中国味道"家喻户晓，不断扩大"政和白茶"的知名度、美誉度，实现政和白茶跨越发展；二是号召茶企弘扬工匠精神，充分发挥产地优势、品质优势、潜力优势、品牌优势，精工细作，提高"政和白茶"品质，加速政和白茶复兴；三是祈盼风调雨顺，白茶兴旺；政通人和，百姓安康。

图1-16　政和白茶开茶节祭茶仪式

（政和县茶业发展中心　供图）

图 1-17　政和白茶开茶节喊山开茶仪式
（政和县茶业发展中心　供图）

2021年"政和白茶开茶节"祭词

岁在辛丑，雨新茶香。

八方来客，心怀芬芳。

敬谒茶神，诉我衷肠。

忆昔神农，植茶八荒。

佑我百姓，富我家邦。

南方嘉木，美名远扬。

2. 茶灯戏

政和县东平镇茶灯戏由明末"江西小调"改编而来，主要流行于东平、苏地等地，属本地方言民间戏曲，音调流畅，气氛轻松活泼，语言幽默风趣，具有浓郁的生活气息，多以喜剧、闹剧为主，流传至今已有400多年历史，传统剧目有100多种，但很多失传，现在可以表演的剧目有30多种，题材上多以下层群众，尤其是手工业工人、艺匠的日常生活为表现对象，其音乐唱腔属于曲牌体，以茶腔和灯腔为主，兼有路腔和杂调，俗称"三腔一调"（南平市文化和旅游局，中共南平市委党史和地方志研究室，2019）。每年正月，忙了一年的农民休闲在家，有的人家会办上一桌酒席宴请戏班唱戏，唱茶灯戏的女角穿绸缎裳，男角也着古戏装，歪戴帽子，唱进门，主人家就请他们喝茶、喝酒、吃菜，然后开始唱戏，一男一女对舞说唱，表现出优美的身段和动作（图1-18），还有挨家挨户唱茶灯戏，每家唱半个钟头，俗称"走酒"，主家要包红包，多少不限。

图1-18　政和县东平镇茶灯戏
（政和县茶业发展中心　供图）

3. 新娘茶

政和县的请"新娘茶"习俗（熊源泉，2014）据说迄今已有近千年的历史，是在政和县高山区杨源乡一带流传的一种以茶代酒的敬客民俗，又称"端午茶"，缘起于古时一新婚青年在端午节前一天勇除恶蛇的传说。在每年端午庙会的前一天（农历五月初四），凡村里在此前一年内娶媳妇的人家，都要备办各种茶点蔬果，摆桌"茶席"，招待乡亲，故称为"新娘茶"。"新娘茶"尤其讲究品茶和配茶，茶叶是特制的"清明茶"，泡茶的水是专门从山涧或古井取来的凉水，并用陶罐来烧。上桌的都是自家腌制的各类菜干、咸菜、豆子、花生、红蛋、水果等，多达几十种，茶点越多，越能体现主人的热情和新娘的贤惠灵巧，因为这些食品都要由新娘一手制作。上桌喝茶的主要是当地上了年纪的老妇人（图1-19），她们都是清一色的服装、头饰，一般随到随喝，且不会坐太久。大家坐满一桌，新娘轻唤一声"上茶了"，夹住陶罐或手提水壶将滚水冲入每个茶碗（杯）。年长的阿婆先端起茶，啜一口，再说句祝福新人和所有来客的话，随后大家便端茶互敬，茶过数巡就起身告辞，再赶另一家的茶席，主人则随时添加"茶料"，直到招待完所有客人。如果自家的"新娘茶"没人来喝，那对这家人来说可是一大耻辱。

图 1-19　政和新娘茶

（政和县茶业发展中心　供图）

办"新娘茶"时，主人还要准备许多红喜绳，每根长九尺九寸，客人喝完茶要离开时，由新娘亲手披挂在客人肩上，客人笑纳后要频频表示恭喜。这一习俗的文化内涵可能在于"九"和"酒"谐音，披红绳和敬茶代表主人对乡亲们在其娶媳妇时所给予帮助的感谢；对客人而言，带走喜绳，意味着从主人家借到喜气，讨到吉利，一年中就能阖家平安、万事如意。

二

生境与茶园

（一）政和县自然环境概貌

政和县位于福建省东北部，东经 118°33′～119°47′，北纬 27°05′～27°23′，土地面积 1 744.24 平方千米。全境中低山面积占 82.8%，丘陵占 9.5%，河谷盆地占 7.7%，属中亚热带常绿阔叶林植被，森林覆盖率达 82.7%，生态保护良好。

政和白茶产地的茶园多为丘陵山地茶园，海拔在 200～1 000 米。土壤以红、黄壤为主，土层深厚，酸碱度平均值为 5.0%，有机质平均含量 3.35%，全氮平均含量 0.614%，全磷平均含量 0.097%，全钾平均含量 2.74%。100 厘米左右深的土层肥沃，且表底层较一致，种植大白茶树品种有天然的优势。

地貌属东南沿海中低山丘陵区，东部为鹫峰山脉北段，全境气候属中亚热带季风湿润气候区，雨热同期、四季分明、立体气候明显、季风影响显著。年平均气温 18.9℃，年平均无霜期 282 天，平均年降水量 1 633 毫米，平均年日照 1 690 小时（政和县地方志编纂委员会，2018）。

（二）政和白茶产自良好的茶园生态环境

政和县山川毓秀，东高西低，内山多云雾，森林覆盖率高达 82.7%，植被茂密，生态优异，全县 10 个乡（镇、街道）均有种茶。2015 年，全县茶园面积 11.28 万亩，其中生态茶园达 8 万亩（东平镇凤头村起凤林茶园见图 2-1），全县茶叶产量 1.23 万吨，产值 8.1 亿元（政和县地方志编纂委员会，2018）。政和县在茶叶发展的道路上坚持"绿水青山就是金山银山"的理念，走绿色发展道路。

政和县在稳定茶园面积的前提下，改善并提高茶园的生态环境，通过建立可追溯体系，并鼓励进行"有机茶"等绿色认证，把"绿水青山就是金山银山"的理念落到实处。连续两年通过整县制推进茶叶绿色高质高效创建工作，政和县打造了数万亩茶叶高质高效茶园，把保护良好生态环境和实现绿色产业发展同步协调起来，为政和白茶产业实现健康可持续发展打下扎实基础。

图 2-1　东平镇凤头村起凤林茶园

（政和县茶业发展中心　供图）

（三）政和大白茶的压条繁殖

压条繁殖法是政和最早采用的一种无性繁殖方法，是因围墙倒塌压在大白茶树上而发现的一种方法。压条繁殖应选择土壤肥沃、深厚、透气性好、地势平缓、阳光充足的生长旺盛的青壮龄茶园，要对母树进行齐地台刈养枝，并加强肥培管理，压条前茶园进行 30 厘米以上全面深翻，在母树周围开深 10～15 厘米，宽 30 厘米左右的浅沟，具体的压条方法有水平压条法和弧形压条法两种（杨江帆等，2018）。

1. 水平压条法

对上年台刈后长成的新枝在腋芽萌发到一芽二、三叶时，将枝条引向地面，使其平卧于沟中，用带叉的竹或树枝分段固定好，并将各节上的新梢扶直向上，薄盖一层土，以保持每个新梢都露出地面。当新梢长到 15 厘米左右时，

再加土 5～10 厘米并压实。各个茎节生根后剪断成茶苗。

2. 弧形压条法

选取长度在 40 厘米以上、茎粗 3～5 毫米的红棕色长枝，摘除下段叶片，用拇指和食指捏住要扭伤的部位成 45° 侧扭，以微闻破裂声为度，不可过重，将扭伤的枝条牵拉到沟中，扭伤部位置于沟底，固定好后覆土压实，保留枝条顶端 4～5 张叶片（10～15 厘米）露出土外。

压条法繁育速度较慢，不利于快速大量繁殖优良品种，随着现代茶业的发展，逐渐被短穗扦插繁育法取代，目前，短穗扦插法是繁育茶苗的主要方式。

（四）政和大白茶茶苗移植要点

政和大白茶适宜在坡度 30° 以下，土壤土层 100 厘米以上，排水性能好，土壤呈酸性反应，pH 值 4.5～5.5 的平地、缓坡地和坡地上种植。平地、缓坡地按一定行距实行等高种植。坡度 10°～30° 的坡地应开垦成水平梯级，梯面依茶树行距（1.3 米加内侧沟宽 0.5 米）和坡度而定，以减少冲刷，便于耕作、灌溉。种植前，土层要全面深翻 50 厘米以上，采用单条栽方式种植，行距 1.3 米左右，画线开种植沟。种植沟宽度一般为 25 厘米左右，深度视基肥而定，施基肥后应盖土 15 厘米左右，以避免烧根（陈宗懋，2000）。

移栽种植适宜在晚秋（茶苗地上部分停止生长时）和早春进行，起苗应尽量少伤根多带土，起苗至定植时间越短越好。每穴定植茶苗 2 株，丛距 30 厘米左右，亩植茶苗 3 000 株左右。移栽时苗与苗不要靠拢，注意根系舒展（过长的主根，可剪掉部分）。要逐步加土，层层踩紧踏实，定植深度要与泥门（茶苗根系与地上部位）相平，不宜过深过浅。移栽后要及时定剪，留高 15～20 厘米（骆耀平，2015）。

新植茶苗幼小娇嫩，抵抗力弱，要及时浅耕清除杂草，以免杂草与茶苗争夺水肥。在旱季出现表土层板结时，不宜浅耕，以免伤害连在土块上茶苗。可在茶苗周围培上碎土或铺草覆盖（骆耀平，2015）。

（五）政和白茶春茶的开采时间

因选用鲜叶原料的品种不同而有早晚差异。通常，福建省内的福安大白茶的开采期在 3 月中旬，菜茶的开采期在 3 月底至 4 月初，政和大白茶的开采期在 4 月初到 4 月中旬。此外，即使是同一品种的鲜叶，高山区的开采期总体比低山区迟 7～10 天。同一品种，因种植的山场朝向、海拔高度、修剪时间、施肥水平等因素的差异，开采期也会不同。早、中、迟芽品种合理搭配，灵活运用各种农艺措施等，可有效调节采摘期，以缓和生产洪峰时的劳动力、机具设备紧张状况，还可部分调节不良天气对采制的影响。

（六）政和白茶鲜叶采摘方式

茶树鲜叶的手工采摘有打顶采摘法、留真叶采摘法和留鱼叶采摘法三种方式，均要求提手采，保持芽叶完整、新鲜、匀净，不夹带鳞片、鱼叶、茶果与老枝叶，不宜捋采和抓采（王云等，2016）。

1. 打顶采摘法

适用于幼龄茶园、重修剪或台刈后的茶园。是等新梢展叶 5～6 片叶子以上，或新梢即将停止生长时，摘去一芽二、三叶，留下基部鱼叶及三、四片以上真叶，一般每轮新梢采摘一、二次。采摘要领是采高养低，采顶留侧，以促进分枝，培养树冠，这是一种以养树为主的采摘方法。

2. 留真叶采摘法

适用于衰老茶园，亦称留大叶采摘法。是当新梢长一芽三、四叶或一芽四、五叶时，采去一芽二、三叶，留下基部鱼叶和一、二片真叶。这是一种既要采摘，也注意养树，采养结合的采摘方法。

3. 留鱼叶采摘法

当新梢长到一芽一、二叶或一芽二、三叶时，采下一芽一、二叶或一芽二、三叶，只把鱼叶留在树上，这是一种以采为主的采摘法，春茶采摘名优茶时常采用此法，以提高产量。鱼叶与真叶一样都可进行光合作用，留鱼叶采摘也有利于培养树冠、减缓树势衰老。

手工采茶的时机因季节而异，春季当茶蓬上有 10% 左右的新梢达到采摘标准时即可开采，夏秋茶有 5%～10% 的新梢达到采摘标准时就要开采。

（七）政和白茶鲜叶采摘标准

1. 白毫银针

政和白毫银针有特级、一级 2 个等级。采制银针以春茶的头轮品质最佳，其顶芽肥壮，毫心特大，适制特级白毫银针（图 2-2）。到三、四轮后多系侧芽，芽较小，只适制一级白毫银针。虫病害芽、空心芽及夏、秋茶芽，不适制白毫银针。

制作白毫银针的原料可茶树上直接"采针"，也可采回"抽针"。"采针"法采制时，掌心向下或向上，用拇指和食指轻捏茶芽根部轻轻用力折下；"抽针"法则是先采下一芽一、二叶，之后再行"抽针"，即以左手拇指和食指轻捏茶身，用右手拇指和食指把叶扯向后拗断剥下，把芽与叶分开，芽用于制作白毫银针（李建国，2019）。

图 2-2　特级白毫银针的制作原料

（福建政和瑞茗茶业有限公司　供图）

2. 白牡丹

政和白牡丹有特级、一级、二级 3 个等级。采大白茶早春的一芽一叶和一芽二叶初展制特级白牡丹；采大白茶早春的一芽二叶初展和一芽二叶原料制一级白牡丹；采大白茶一芽二叶的原料制二级白牡丹，采大白茶一芽二叶和细嫩对夹叶的原料制三级白牡丹（福建省政和县质量技术监督局等，2008）。一般采用留鱼叶采摘法，即掌心向下或向上，用拇指和食指轻捏所需一芽一、二叶鲜叶的根部（鱼叶的上方根部），轻轻提起折下即可。

3. 贡眉

采摘菜茶品种一芽一叶或一芽二叶初展嫩梢以及一芽二、三叶梢制成（采摘标准与白牡丹一级到三级相同，采摘方法与白牡丹相同），产品分为特级、一级、二级 3 个等级。

4. 寿眉

政和寿眉有一级和二级 2 个等级的产品。原料采用制白毫银针原料"抽针"后的叶梢,或是采摘大白茶及菜茶茶树已形成驻芽的 2~3 叶梢,可用手采或机械采摘。

(八)政和白茶的机械化采摘

机采原料一般只能用于制作低档白茶。生产大量的低档白茶,机采可以极大地提高效率、降低成本。机采可在春茶第一至三、四轮的高档原料手工采摘后和夏、暑、秋茶季节进行。具体而言,当标准芽叶(一芽二、三叶和同等嫩度的对夹叶)的数量达到一定比例,即春茶达 80%,夏、暑、秋茶达 60% 时开采较为适宜。机采的批次一般春茶 1~2 次,夏茶 1 次,秋茶 2~3 次(张星海,2011)。

(九)政和白茶机采茶园的管理

机械采摘应选择发芽整齐、持嫩性强、节间长、再生能力强的茶树品种所在的茶园,而且茶园应是平地或坡度低于 15° 的缓坡条栽茶园,梯级茶园梯面宽要大于 2 米。待机采的茶树,应视其生长情况和树冠平整度等进行重或轻修剪,养成水平形或弧形树冠,高度控制 60~80 厘米,行间保留 15~20 厘米为宜。机采时剪口要适当,一般在上次采摘面上提高 1~2 厘米。为使茶树生长适应机采,应加强肥培管理,通常机采茶园的施肥量要比手采茶园增加 20%~30%,施足有机基肥,采后追肥。合理留养,对于树冠表层已形成鸡爪枝或树体过高的茶树,留蓄一季秋梢,留养应先进行深、重修剪,再行留养(张星海,2011;杨亚军,2005)。

（十）鲜叶性状与政和白茶品质的相关性

叶乃兴等（2010）对福鼎大毫茶、福安大白茶、福鼎大白茶、政和大白茶等适制白茶品种的茶树嫩梢鲜样，及其制成的白茶成品茶身和茸毛的生化成分测定结果表明：白茶品种嫩梢茸毛质量占1.94%～10.44%，其中多毫品种福鼎大毫茶的茸毛质量占10%左右；嫩梢鲜样茶身的儿茶素和咖啡碱含量高于茸毛的；白茶茶身的水浸出物、茶多酚、酚氨比、咖啡碱以及儿茶素总量、没食子儿茶素（GC）、表没食子儿茶素（EGC）、表没食子儿茶素没食子酸酯（EGCG）、表儿茶素（EC）、没食子儿茶素没食子酸酯（GCG）、表儿茶素没食子酸酯（ECG）等组分含量显著高于茸毛的，而茸毛的游离氨基酸总量以及茶氨酸、天冬氨酸、谷氨酸、丝氨酸、丙氨酸等组分含量显著高于茶身；茶树嫩梢的茸毛具有高氨基酸含量和低酚氨比的特性，对白茶风味品质的形成具有重要作用。

（十一）鳞片、鱼叶与真叶的区别

茶树的叶片分为鳞片、鱼叶、真叶三种（图2-3）。鳞片，亦称"芽鳞"，是最早长出的、呈覆瓦状着生于茶芽最外面的鳞状变态叶，无叶柄，质地较坚硬，呈黄绿或棕褐色，表面常有茸毛和蜡质，主要作用是保护内部芽体和减少蒸腾失水及其他机械的损害等。当年生营养芽一般有1～3个鳞片，越冬芽有3～5个鳞片，随着芽的膨大展开，鳞片很快脱落。鱼叶亦称"胎叶"，是茶树新梢上

图2-3　带有鳞片和鱼叶的鲜叶原料

（福建政和瑞茗茶业有限公司　供图）

抽出的第一片小叶子，形如鱼鳞，是发育不完全的叶片，其色较淡，叶柄宽而扁平，叶缘一般无锯齿，或前端略有锯齿，侧脉不明显，叶形多呈倒卵形，叶尖圆钝或内凹，叶质厚而硬脆。一般每梢基部有 1 片鱼叶，也有多至 2～3 片，夏秋梢常常出现无鱼叶的情况（陈宗懋等，2013）。

真叶是继鱼叶以后长出的叶子，寿命一般长达一年半，通常所说的茶树叶片是指真叶而言。带鳞叶和鱼叶的芽梢不代表头采、鲜嫩，应采摘真叶，因为鳞片、鱼叶的纤维较粗老，加工过程难以形成条索，最终变成黄片，清除起来很麻烦，且制茶滋味淡薄，影响口感。

（十二）鲜叶质量验收

鲜叶质量指标包括鲜叶嫩度、匀净度和新鲜度（袁弟顺，2006）。

鲜叶嫩度是指芽叶发育的成熟程度。它是鲜叶质量的重要因子，也是鉴定白茶等级的主要指标之一。白茶分类不同对鲜叶嫩度的要求也不同，如白毫银针要求芽叶肥壮，白毫多，以肥壮单芽为佳；鲜叶质量越高，所生产的白茶等级越高。

鲜叶匀净度包括鲜叶的匀度和净度两个方面。匀度是指鲜叶理化性状一致的程度，即品种一致、嫩度一致、含水量一致等。匀度高的鲜叶便于加工技术的实施，茶叶品质高。净度是指鲜叶中茶类夹杂物和非茶类夹杂物的含量。茶类夹杂物有茶籽、老叶、病枯叶、枝梗等。非茶类夹杂物有虫体、虫卵、杂草、砂石等。这些杂物不仅影响茶叶品质，危害人体健康，有时还会损坏机械。匀净度差的鲜叶制成的毛茶的匀净度也差，精加工时制工复杂，精加工工率低，特别是拣剔的工作量大增加，使成本提高，效率降低。白茶生产要求有较高的鲜叶匀净度，否则不利于萎凋程度的控制。

鲜叶新鲜度是指鲜叶保持原有理化性状的程度。新鲜度好的鲜叶，在制茶中能使白茶内含物充分转化成对品质有利的物质。鲜叶从茶树上采下来后，生命活动仍在进行，随时间的延长，叶内水分不断蒸发散失，叶温提高，呼吸作用随之加强。呼吸作用使鲜叶内含物分解消耗而减少。影响鲜叶新鲜度的因素主要有两个：一是鲜叶呼吸作用，使叶内糖类分解，产生二氧化碳，释放出大量的热量，使叶温不断升高，叶子发热变红；二是鲜叶堆积时间过长，通气不良造成呼吸作用释放的热量不能及时散发，叶温提高促进内含物加快分解，在缺氧的条件下，进行无氧呼吸，使糖分解为酒精和二氧化碳，并产生热量，叶堆内出现酒精味，使叶子变质。因此，鲜叶必须妥善管理，以保持鲜叶的新鲜度。

（十三）鲜叶管理

要保证鲜叶的新鲜度，首先必须根据所制白茶种类对鲜叶标准的要求进行采摘。采摘时，手握芽叶不可过多，尽量减少机械损伤和发热。采摘装盛容器需通气良好，容器装满鲜叶后应及时倒出，切勿紧压或堆积过多，防止时间过长而引起鲜叶发热变红。装运鲜叶应用透气的竹篓或箩筐，少用编织袋等，禁止用塑料袋等不透气的容器，不可重压，还要防止日晒雨淋，防止因机械损伤或通气不良而红变。鲜叶进厂后，应及时加工，不可堆积过久。气温较高时，要及时翻动摊放的茶青以防红变，并尽量做到当天鲜叶当天加工完毕（梁月荣，2004）。

（十四）适制鲜叶的性状性征

鲜叶适制性是指鲜叶的自然品质适合加工白茶的特性。鲜叶的适制性与鲜叶的化学成分和物理性状有关。根据适制白茶鲜叶适制性，有目的地选择某鲜叶，才能充分发挥鲜叶的经济价值，制成品质优良的白茶。白茶以鲜叶蛋白质、氨基酸含量高为好，多酚类含量不宜过高。春季茶树鲜叶的营养丰富充足，芽梢肥壮，蛋白质含量高，持嫩性好，内含物丰富，酚氨比值小，最适制白茶（袁弟顺，2006）。

（福建政和瑞茗茶业有限公司　供图）

（三）良种及特性

（一）适制白茶的茶树品种有哪些？

答：在福建，常见的适制白茶的茶树品种有福鼎大毫茶、政和大白茶、福安大白茶、福建水仙、福鼎大白茶、各地菜茶及福云 6 号、福云 20 号、福云 595、九龙大白茶等。近年来，还有梅占、茗科 1 号（金观音）、黄观音、丹桂等高香型乌龙茶品种用于生产高香型白茶。

（二）适制政和白茶的茶树品种有哪些？

答：适制政和白茶且栽培面积较大的茶树品种主要有政和大白茶、福安大白茶及政和当地的菜茶等。在政和县还有少量种植福鼎大白茶、福鼎大毫茶、福建水仙、福云 595、九龙大白茶、早春毫等茶树良种用于制作白茶。近年来，以梅占、茗科 1 号（金观音）、黄观音、金牡丹、白芽奇兰等乌龙茶品种的鲜叶为原料加工高香型白茶在政和也是层出不穷。

（三）大白茶品种的芽梢性状有什么特征？

答：大白茶品种总体芽毫显、芽体肥壮、茸毛多且洁白，叶背也有茸毛。不同品种、不同季节的芽梢长短、茸毛的长度、色度、密度及披伏程度等有所差异。芽的大小、形状、色泽以及茸毛的多少变异较大，这些性状与茶树品种、栽培管理、环境条件等有密切关系。芽体大、重、壮、茸毛多、富光泽，是茶树生长旺盛、品质优良的重要标志之一。

（四）菜茶是什么品种？

答：菜茶是世代用种子自行繁衍的茶树有性系群体品种的统称。福建菜茶主要包括武夷菜茶、坦洋菜茶、天山菜茶等，各地菜茶因种子来源、土壤及气象因子等的不同而表现各异（陈宗懋等，2013；福建省农业科学院茶叶研究所，1980）。在政和当地，菜茶也被称为"土茶""小茶"，属于灌木类，其每株的芽期、芽梢色泽、茸毛多少、叶片大小等特征特性均存在一定差异，因而其鲜叶作为制茶原料而言总体是混杂的，不利于采收管理，也不适用于机械化、规模化、标准化生产。

（五）政和大白茶品种

政和大白茶为无性系，小乔木型，大叶类，晚生种（陈常颂等，2016）。

[产地（来源）]
原产政和县铁山乡，已有 100 多年栽培史（GS13005-1985）。

[生物学特征]
植株高大，树姿直立，主干显，分枝稀（图 3-1）。叶片呈水平状着生，

图 3-1　政和大白茶 （本章品种图片均由陈常颂　供图）

椭圆形，叶色深绿，富光泽，叶面隆起，叶身平，叶缘微波，叶尖渐尖，叶齿较锐深密，叶质厚脆。

[农艺性状]

春季萌发期迟。芽叶生育力较强，芽叶密度较稀，持嫩性强，芽叶黄绿带微紫色，茸毛特多，一芽三叶百芽重 123.0 克。产量较高，每亩达 150 千克。

[栽培要点]

缩小种植行距，增加种植株数，压低定剪高度，增加定剪次数，促进分枝。采摘茶园增施有机肥，及时分批留叶采摘，适度嫩采。

图 3-2 福鼎大毫茶

（六）福鼎大毫茶品种

简称大毫。无性系，小乔木型，大叶类，早生种（陈常颂等，2016）。

[产地（来源）]

原产福建省福鼎市点头镇汪家洋村，已有 100 多年栽培史（GS13002-1985）。

[生物学特征]

植株高大，树姿较直立，分枝较密。叶片呈水平或下垂状着生，椭圆或近长椭圆形，叶色绿，富光泽，叶面隆起，叶缘微波，叶身稍内折，叶尖渐尖，叶齿锐浅较密，叶质厚脆（图 3-2）。

[农艺性状]

春季萌发期早。芽叶生育力较强，发芽整齐，持嫩性较强，芽叶黄绿色、肥壮，茸毛特多，一芽三叶百芽重 104.0 克。产量高，亩产可达 200～300 千克。抗性强和适应性广。扦插繁殖力强，成活率高。

[栽培要点]

适当增加种植密度，适时定剪 3～4 次，促进高产树冠形成。

（七）福安大白茶品种

又名高岭大白茶。无性系，小乔木型，大叶类，早生种（陈常颂等，2016）。

[产地（来源）]

原产福建省福安市康厝乡（GS13003-1985）。

[生物学特征]

植株高大，树姿半开张，主干明显，分枝较密。叶片呈稍上斜状着生，长椭圆形，叶色深绿，富光泽，叶面平，叶身内折，叶缘平，叶尖渐尖，叶齿较锐、浅、密，叶质厚脆，几乎不结实（图 3-3）。

[农艺性状]

春季萌发期早。芽叶生育力强，持嫩性较强，黄绿色，茸毛较多，一芽三叶长 10.3 厘米、一芽三叶百芽重 98.0 克。产量

图 3-3 福安大白茶

高，每亩可产干茶 300～400 千克。

[栽培要点]

选择土壤通透性良好的苗地扦插育苗。选择土层深厚的园地双行双株种植，及时定剪 3～4 次，幼龄茶园多留侧枝。及时嫩采。

图 3-4　福鼎大白茶

（八）福鼎大白茶品种

又名白毛茶，简称福大。无性系，小乔木型，中叶类，早生种（陈常颂等，2016）。

[产地（来源）]

原产福建省福鼎市点头镇柏柳村，已有 100 多年栽培史（GS13001-1985）。

[生物学特征]

植株较高大，树姿半开张，主干较明显，分枝较密。叶片呈上斜状着生，椭圆形，叶色绿，叶面隆起，有光泽，叶缘平，叶身平，叶尖钝尖，叶齿锐较深密，叶质较厚软（图 3-4）。

[农艺性状]

春季萌发期早。芽叶生育力强，发芽整齐、密度大，持嫩性强，芽叶黄绿色、茸毛特多，一芽三叶百芽重 63.0 克，产量高，亩产可达 200 千克以上。抗性强，适应性广。扦插繁殖力强，成活率高。

[栽培要点]

注意增施有机肥，分批留叶采，注意采养结合。

（九）九龙大白茶品种

无性系，小乔木型，大叶类，早生种
（陈常颂等，2016）。

[产地（来源）]

原产福建省松溪县郑墩镇，相传有
100多年的栽培历史（闽审茶1998001）。

[生物学特征]

植株较高大，树姿半开张，主干较明
显。叶片呈稍上斜状着生，椭圆形，叶色
深绿，富光泽，叶面微隆起，叶身平展，
叶缘平或微波，叶尖渐尖，叶齿较锐、深、
密，叶质较厚脆（图3-5）。

[农艺性状]

春季萌发期早。芽叶生育力强，发芽
较密，持嫩性强，黄绿色，茸毛多，一芽
三叶百芽重109.0克。产量高，亩产干茶
200千克以上。

[栽培要点]

幼年期分枝较少，适当增加种植密度，
及时定剪3~4次，促进分枝。适时分批
嫩采。

图3-5　九龙大白茶

图3-6 福建水仙

（十）福建水仙品种

无性系，小乔木型，大叶类，晚生种（陈常颂等，2016）。

[产地（来源）]

原产福建省建阳市小湖乡大湖村，已有100多年栽培史（GS13009-1985）。

[生物学特征]

植株高大，树姿半开张，主干明显，分枝稀，叶片呈水平状着生，长椭圆形或椭圆形，叶色深绿，富光泽，叶面平，叶缘平稍呈波状，叶尖渐尖，锯齿较锐深而整齐，叶质厚、硬脆（图3-6）。

[农艺性状]

春季萌发期迟。芽叶生育力较强，发芽密度稀，持嫩性较强，芽叶淡绿色，较肥壮，茸毛较多，节间长，一芽三叶百芽重112.0克。抗寒、抗旱能力较强，适应性较强。扦插与定植成活率高。

[栽培要点]

选择土壤通透性良好的苗地扦插育苗。选择土层深厚的园地双行双株种植，及时定剪3~4次。

（十一）福云595品种

无性系，小乔木型，大叶类，早生种（陈常颂等，2016）。

[产地（来源）]

由福建省农业科学院茶叶研究所从福鼎大白茶与云南大叶茶自然杂交后代中经单株育种法育成（闽审茶1988001）。

[生物学特征]

植株较高大，树姿较直立，分枝较稀。叶片呈上斜状着生，椭圆形，叶色绿，富光泽，叶面隆起，叶身平展，叶缘平，叶尖钝尖，叶齿稍钝、浅、稀，叶质较厚脆（图3-7）。

[农艺性状]

春季萌发期早。芽叶生育力较强，持嫩性强，淡绿色，茸毛特多，节间长，一芽三叶百芽重111.0克。产量较高，亩产干茶130千克以上。

[栽培要点]

选择土层深厚的园地，采用1.5米大行距、0.4米小行距、0.33米株距双行双株种植，加强茶园肥水管理，适时进行3次定剪。要分批留叶采摘，采养结合。

图3-7 福云595

（十二）早春毫品种

无性系，小乔木型，大叶类，特早生种（陈常颂等，2016）。

[产地（来源）]

由福建省农业科学院茶叶研究所从迎春的自然杂交后代中采用单株育种法育成（闽审茶 2003001）。

[生物学特征]

植株较高大，树姿直立，主干显。叶片呈稍上斜状着生，椭圆形，叶色深绿或绿，叶面微隆或平，富光泽，叶身平或稍内折，叶缘平，叶尖渐尖，叶齿较锐深稀，叶质较厚脆（图3-8）。

[农艺性状]

春季萌发期特早。芽叶生育力强，发芽密，持嫩性强，淡绿色、肥壮，茸毛较多，一芽三叶百芽重51.9克。产量高，亩产干茶200千克以上。抗寒、抗旱性与适应性较强。种植成活率高。扦插繁殖力较强。

[栽培要点]

选择土壤通透性良好的苗地扦插育苗。宜用坡地建园种植。缩小行距，每亩栽4 000～5 000株。幼年定期修剪4次，成年

图3-8 早春毫

期修剪宜在春茶结束后进行。及时分批采摘，嫩采为主，适当延长秋茶采摘期。早春防止晚霜冻害。

（十三）福云 6 号品种

无性系，小乔木型，大叶类，特早生种（陈常颂等，2016）。

[产地（来源）]

由福建省农业科学院茶叶研究所从福鼎大白茶与云南大叶茶自然杂交后代中采用单株育种法育成（GS13033-1987）。

[生物学特征]

植株高大，树姿半开张，主干显，分枝较密。叶片呈水平或稍下垂状着生，长椭圆或椭圆形，叶色绿，有光泽，叶面平或微隆起，叶缘平或微波，叶身稍内折或平，叶尖渐尖，叶齿稍钝浅密，叶质较厚软（图3-9）。

[农艺性状]

春季萌发期早。芽叶生育力强，发芽密，持嫩性较强，淡黄绿色、茸毛特多，一芽三叶百芽重69.0克。产量高，亩可产干茶200～300千克。抗旱性强，抗寒性较强。扦插繁殖力强，成活率高。

[栽培要点]

选择中低海拔园地种植，避免早春嫩梢遭受晚霜冻害。适当增加种植密度与定剪次数。

图3-9　福云6号

（十四）福云 20 号品种

二倍体；无性系，小乔木型，大叶类，中生种（陈常颂等，2016）。

[产地（来源）]

由福建省农业科学院茶叶研究所从福鼎大白茶与云南大叶种杂交后代中经单株育种法育成（闽审茶 2005001）。

[生物学特征]

植株高大，树姿半开张，主干明显。叶片呈水平状着生，椭圆形，叶色黄绿，富光泽，叶面微隆起，叶身平，叶缘平，叶尖渐尖，叶齿较钝浅密，叶质厚软（图3-10）。

[农艺性状]

春季萌发期中等。芽叶生育力、持嫩性强，芽肥壮，茸毛多；一芽三叶百芽重96.5克。产量高，亩产干茶达 200 千克。抗寒、抗旱能力较强。扦插繁殖能力强，成活率高。

[栽培要点]

中低海拔茶园种植，避免早春嫩梢受晚霜冻害。适当增加种植密度与定剪次数。延长秋茶采摘期。

图 3-10　福云 20 号

（十五）金观音品种

又名茗科 1 号。二倍体；无性系，灌木型，中叶类，早生种（陈常颂等，2016）。

[产地（来源）]

由福建省农业科学院茶叶研究所以铁观音为母本，黄棪为父本，采用杂交育种法育成（国审茶 2002017）。

[生物学特征]

植株较高大，树姿半开展，分枝较密。叶片呈水平状着生，叶椭圆形，叶色深绿，有光泽，叶面隆起，叶缘稍波浪状，叶身平，叶尖渐尖，叶齿较钝浅稀，叶质厚脆（图 3-11）。

[农艺性状]

春季萌发期早。芽叶生育力强，发芽密且整齐，持嫩性较强，芽叶紫红色，茸毛少；一芽三叶百芽重 50.0 克。产量高，亩产乌龙茶 200 千克以上。

[栽培要点]

幼年期生长较慢，宜选择纯种健壮母树剪穗扦插，培育壮苗选择土层深厚、土壤肥沃的黏质红黄壤园地种植，增加种植株数与密度。

图 3-11 金观音

（十六）黄观音品种

又名茗科2号，无性系，小乔木型，中叶类，早生种（陈常颂等，2016）。

[产地（来源）]

由福建省农业科学院茶叶研究所以铁观音为母本、黄棪为父本，采用杂交育种法育成（国审茶2002015）。

[生物学特征]

植株较高大，树姿半开张，分枝较密。叶片呈上斜状着生，椭圆形或长椭圆形，叶色黄绿，有光泽，叶面隆起，叶缘平，叶身平，叶尖钝尖，叶齿较钝、浅、稀，叶质尚厚脆（图3-12）。

[农艺性状]

春季萌发期早。芽叶生育力强，发芽密，持嫩性较强，新梢黄绿带微紫色，茸毛少，一芽三叶百芽重58.0克。产量高，亩产乌龙茶200千克以上。

[栽培要点]

选择土层深厚的园地采用1.50米大行距、0.40米小行距、0.33米丛距双行双株种植。加强茶园肥水管理，适时进行3次定型修剪。要分批留叶采摘。

图 3-12　黄观音

（十七）金牡丹品种

无性系，灌木型，中叶类，早生种（陈常颂等，2016）。

[产地（来源）]

由福建省农业科学院茶叶研究所以铁观音为母本，黄棪为父本，采用杂交育种法育成（国品鉴茶2010024）。

[生物学特征]

植株中等，树姿较直立。叶片呈水平状着生，椭圆形，叶色绿，具光泽，叶面隆起，叶身平，叶缘微波，叶尖钝尖，叶齿较锐、浅、密，叶质较厚脆（图3-13）。

[农艺性状]

春季萌发期较早。芽叶生育力强，持嫩性强，紫绿色，茸毛少，一芽三叶百芽重70.9克。产量高，亩产乌龙茶150千克以上。

[栽培要点]

宜选择纯种健壮母树剪穗扦插，培育壮苗选择土层深厚、土壤肥沃的黏质红黄壤园地种植，增加种植密度。

图3-13　金牡丹

（十八）梅占品种

又名大叶梅占。混倍体；无性系，小乔木型，中叶类，中生种（陈常颂等，2016）。

[产地（来源）]

原产福建省安溪县芦田，已有100多年栽培史（GS13004-1985）。

[生物学特征]

植株较高大，树姿直立，主干较明显，分枝密度中等。叶片呈水平状着生，长椭圆形，叶色深绿，富光泽，叶面平，叶缘平，叶身内折，叶尖渐尖，叶齿较锐、浅、密，叶质厚脆（图3-14）。

[农艺性状]

春季萌发期中偏迟。芽叶生育力强，发芽较密，持嫩性较强，绿色，茸毛较少，节间长，一芽三叶长12.1厘米、一芽三叶百芽重103.0克。产量高，亩产干茶200～300千克。

[栽培要点]

选择土层深厚的园地种植。增加种植密度，适时进行3～4次定型修剪，促进分枝，提高发芽密度。及时嫩采。

图3-14　梅占

（十九）白芽奇兰品种

无性系，灌木型，中叶类，晚生种（陈常颂等，2016）。

[产地（来源）]

由福建省平和县农业局茶叶站和崎岭乡彭溪茶场从当地群体中采用单株育种法育成（闽审茶1996001）。

[生物学特征]

植株中等，树姿半开张，分枝尚密。叶片呈水平状着生，长椭圆形，叶色深绿，富光泽，叶面微隆起，叶身平展，叶缘微波，叶尖渐尖，叶齿较锐、深、密，叶质较厚脆。开花量中等，结实率中等（图3-15）。

[农艺性状]

春季萌发期迟，芽叶生育力强，发芽较密，持嫩性强，芽叶绿色，茸毛尚多，一芽三叶百芽重139.0克。产量较高，亩产乌龙茶130千克以上。

[栽培要点]

选择土壤通透性良好的苗地扦插育苗。选择土层深厚的园地双行双株种植，及时定剪3～4次。

图3-15 白芽奇兰

（福建政和瑞茗茶业有限公司　供图）

四

工艺与设施

（一）政和白茶初制厂的建设原则

初制厂应选择在交通方便，远离工矿企业、畜牧养殖场等无污染源的场所，并与茶园距离较近及城乡接合部，但要与居民区及交通主干道有一定的距离，周边环境良好。初制厂厂房应四周空旷，通风良好，朝向应以南偏东或西为宜。车间要光线充足、干燥、地面及墙体光滑不起面，便于清洁，布局合理、设施完善（金心怡等，2003）。

初制厂应根据预测的每年采茶高峰期的最高日加工鲜叶量（一般干茶最高日产量是按占全年干茶产量的2%～4%估算）配备充足的萎凋和烘干设备，特别是应对阴雨及高温高湿等不良天气的萎凋环境调控设备（张忠诚，2000）。

（二）白化茶与政和白茶辨析

白化茶，俗称白茶，是一类芽叶呈白色、黄色或近白色变异的茶树种质资源（王开荣，2006），茶叶市场上常见的如"安吉白茶""安吉黄茶""黄金芽"等产品，绝大部分都属于绿茶类，它们是应用白化或黄化的茶树品种鲜叶原料按绿茶工艺加工而成的，通常滋味鲜醇，口感好、观赏性强。近年来，也有些茶区采用白化茶树品种的鲜叶，按"萎凋→烘干"工艺制成白茶类产品，其口感更为鲜醇，观赏性也强。

（三）政和白茶加工工艺简单不容易

从表面上看，政和白茶的加工工艺简单，仅有萎凋、烘干两个流程，萎凋只是青叶失水的一个过程，使青叶逐渐形成平伏舒展、叶缘垂卷、色泽银白等外观形态。事实上，制作政和白茶的工艺亮点就是长时间的缓慢自然失水的萎凋过程，政和白茶特有的香气和滋味品质的形成主要是在一定的外界温湿度条件下，随着青叶水分的逐渐散失，叶细胞浓度的改变，细胞膜透性的改变以及各种酶的激活引起一系列内含成分变化的结果，而青叶的水分散失又主要受叶层相对湿度、叶层气温、通风条件等因子的共同影响，因此，传统的萎凋过程中同样需要"看天做茶，看茶做茶"，即需要采摘合格的茶树鲜叶和营造恰当的制茶环境（林郑和，2008）。

当代政和白茶的加工工艺在传承的基础上有所创新，主要是在萎凋环节中融入了现代的科技手段，采用控温、除湿、控风模式的萎凋室、萎凋机等全程模拟晴好天气进行萎凋，彻底打破了靠天吃饭的格局；同时，可在萎凋过程中根据青叶内含成分转化情况的变化适时调控，给予青叶最佳的转化环境，使其内含成分充分转化，从而得到最佳品质的白茶产品。

（四）政和白茶初制用具与设施

1. 用具

水筛，竹篾编成，直径 0.9～1.05 米，边高 2.5 厘米，筛眼每 10 厘米有 6～7 个孔；萎凋帘（图 4-1），由竹篾编成，长 2.5 米，宽 0.80 米；方筛，不锈钢筛网制成，长 1 米 × 宽 1 米；不锈钢圆筛，直径 0.9～1 米；三角形或长方形萎凋架（图 4-2），木制或方管制成，间距 15～25 厘米，用于置放水筛；排气风扇等。

图 4-1 萎凋帘

（本章图片均由福建政和瑞茗茶业有限公司 供图）

图 4-2　萎凋架

2. 管道加温萎凋间（热风萎凋室）

由风机、加温装置或热风炉、风道、排气风扇和萎凋间组成，萎凋间内有萎凋架、水筛、萎凋帘等用具。

3. 萎凋槽

由风机、槽体、加温装置或热风炉和风道组成，萎凋槽体一般长 8～10米，宽 1 米，槽体地面由风机口呈 15° 向外倾斜（图 4-3）。

图 4-3　萎凋槽

4. 空气能萎凋室

由压缩机、风机（配备加热片）、抽湿机、排风机、萎凋帘或水筛及萎凋架组成（图4-4）。

图4-4　控温控湿萎凋室

5. 空气能萎凋机

由自动传送装置、匀叶器、升降单层制动装置、风道、机体、进风口、排风装置和操控台等组成，配备有风机、水冷机、蒸发器、冷凝器、表冷器及水冷装置（图4-5）。

图4-5　空气能萎凋机

6. 干燥设备

有焙笼、箱式烘干机和链板式烘干机（图4-6）等。

图 4-6 链板式烘干机

（五）政和白茶（散茶）的加工工艺

政和白茶加工的具体流程为：鲜叶→摊凉→萎凋→干燥→毛茶→拣剔→拼配、匀堆→复烘→成茶→装箱。

1. 萎凋原理及方法

白茶的制作主要是萎凋工序，其特点是不炒不揉，既不破坏酶的活性，又不促进其氧化作用，而是调控环境使叶内水分沿叶背气孔及叶表的角质层逐渐向外挥发散失，进而促进叶片的呼吸作用，在叶细胞及内含物没有受损和破坏的情况下，缓慢发生一系列水解、氧化反应，最终形成白茶特有的外形和内质特征。

白茶初制过程中应根据不同的气候条件采取不同的萎凋技术，才可制得品质优良的产品。白茶萎凋的主要方式有室内自然萎凋、日光萎凋、复式萎凋、室内加温萎凋、空气能萎凋等（袁弟顺，2006）。

（1）室内萎凋

室内萎凋应选择晴好天气，鲜叶进厂后，应及时进行萎凋。萎凋室要求四面通风，无日光直射，并要防止雨雾侵入，室内要卫生洁净，配备萎凋用具以及供观察温湿度变化的干湿温度计等。萎凋室的气候环境调控，一般春茶加工要求室温 18～25℃，相对湿度 67%～80%；夏秋茶加工室温 30～32℃，相对湿度 60%～75%。

进入萎凋室后，先将鲜叶薄摊在水筛、萎凋帘或方筛上，然后置于萎凋架上。萎凋过程中，前期不可翻动，萎凋至 36～48 小时，应进行收筛、并筛操作；当萎凋至九成干时，即可下架干燥。整个萎凋过程一般历时 56～60 小时，雨天采用室内自然萎凋不得超过 72 小时，否则芽叶会发霉变黑；在晴朗干燥的天气进行室内自然萎凋不得少于 48 小时，否则青叶内含成分的转化不足。

（2）日光萎凋

日光萎凋是指将薄摊在水筛、萎凋帘或方筛上的鲜叶直接置于微弱的阳光下晾晒。日晒时，水筛、萎凋帘等应平放或斜置于木架上，不可直接置于地面上，至青叶达八至九成干时，即可结束萎凋。如气温高、阳光强烈，不宜采取日光萎凋方式。

（3）复式萎凋

复式萎凋是指在春季晴天时，将青叶室内自然萎凋与日光萎凋结合进行，仅在早晨或傍晚阳光微弱时将青叶移至阳光下轻晒，并根据室外气温与相对湿度控制日照时间。一般春茶期间在室外温度 25℃左右、相对湿度 65% 左右的条件下每次晒 25～35 分钟，当室外温度达 30℃、相对湿度低于 60% 时，每次日照时间以 15～20 分钟为宜。晒至叶片微热时移入室内进行萎凋，待叶温下降后，可再移入阳光下轻晒，如此反复 2～4 次，至青叶达到八至九成干时结束萎凋。复式萎凋过程的拼筛、拣剔等方法与室内自然萎凋相同。当气温高、阳光强烈时，不宜采用复式萎凋方式。

（4）加温萎凋

有萎凋槽加温萎凋和管道加温萎凋两种方式。

萎凋槽加温萎凋：风道出口温度控制在 45℃左右，槽体温度控制在 30℃

左右，摊叶厚度 6～10 厘米为宜。萎凋过程不宜翻拌，当青叶萎凋至八到九成干时，即可结束萎凋，全程历时 36 小时左右。

管道加温萎凋：在专门的"白茶热风萎凋室"内进行。萎凋室内温度控制在 25～35℃。一般采用连续加温萎凋方式，温度由低到高，再由高到低，当青叶萎凋至八到九成干时，即可结束萎凋，全程历时 36 小时左右。

（5）空气能萎凋

分为空气能萎凋室萎凋和空气能萎凋机萎凋两种方式。

空气能萎凋室萎凋：可全程模拟晴好天气，不但解决了阴雨高湿天气青叶正常萎凋的问题，也解决了原有加温萎凋过程中温度过高或过低以及萎凋不均匀等问题，制成的白茶品质优良，从而基本打破了"靠天做茶"的格局。空气能萎凋室萎凋也是在专门的"白茶萎凋室"内进行，将鲜叶薄摊在水筛、萎凋帘或方筛上置于萎凋架上，前期不可翻动，萎凋过程中，可根据青叶叶态的变化进行相应的温度、风速等的调控。当萎凋至八到九成干时，即可结束萎凋，历时 48～60 小时。

空气能萎凋机萎凋：采用"阴雨天空气能热泵制热除湿、晴天非热力通风除湿"的节能萎凋新模式，集成空气能热泵节能技术、水强力交换技术、分层分管送风技术，建立全天候萎凋控温、控湿、控风系统，解决了萎凋过程青叶失水量、所需空气量、风机设置、萎凋房排湿与青叶水分散失配比、萎凋环境气流和热风流动方向及单台空调除湿机控温、控湿方式存在的温度与湿度不匹配、能量浪费、大型网带式萎凋设备送风均匀度不足、萎凋室水汽散失不良等问题。运用空气能萎凋机萎凋时，原料的进口厚度因青叶嫩度而异，一般制白毫银针及高级白牡丹时进口厚度为 3～5 厘米，制普通白牡丹则调节为 6～10 厘米；室内气温应控制在 20～28℃，相对湿度以 65%～75% 为宜。青叶萎凋至八到九成干时即可下机，全程历时 36 小时左右。

（6）自然萎凋与日光萎凋优劣对比

在晴好的天气进行青叶的自然萎凋，操作过程便于掌控，可实现青叶糖、蛋白质等内含物质的充分分解和多酚类物质的适当氧化，并避免叶绿素的完全破坏，达到良好的萎凋效果，不但可获得完美的外观形态特征，还能顺利形成鲜爽、甘甜的白茶典型品质特征，而在阴雨及高温、高湿天气采用自然萎凋方式制成的白茶，其成茶往往外形色泽黄绿、泛红、暗、褐及梗叶脱离，冲泡后茶汤香气淡薄，呈现出酵感、酸馊甚至霉味等不良品质。

首先，日光萎凋是利用阳光使鲜叶逐渐失水，在阳光下，温度及干燥度相对偏高，青叶失水快，易造成内含成分转化不足。其次，青叶日晒后虽可经长时间堆放或进行渥堆处理，但易导致成茶茶气不足，鲜爽度差。再次，日晒还促进青叶中的酶促氧化作用，易导致梗叶泛红，进而影响茶汤鲜爽度。此外，日光萎凋还需大面积的场地，且耗工大、难掌控。

2. 干燥方法

有日晒、焙笼炭焙、箱式烘干机烘干、连续烘干机烘干等方法。焙笼炭焙是古法制作中干燥的方法，从产业化、标准化和生产效率等角度来说，机焙优于炭焙（袁弟顺，2006；杨丰，2017）。

（1）日晒

萎凋叶达九成干时，将萎凋叶薄摊在竹编晒垫上，置于阳光充足的地方暴晒至足干。

（2）焙笼炭焙

萎凋叶达九成干的，采取一次烘焙，每笼摊叶 1～1.5 千克，温度 70～80℃，历时 15～20 分钟。萎凋叶达六至七成干的，炭焙分两次进行。初焙用明火，温控 100℃左右，摊叶量 0.75～1 千克／笼，刚开始的前 10 分钟焙笼不加盖，让水汽先挥发出去，而后采用半加盖或全加盖方式烘焙。在炭焙过程中，还要根据烘焙的温度，每隔 15～20 分钟把青叶移出翻拌一次，翻动的动作要轻，次数不宜过多，以免芽叶断碎、茸毛脱落，而且，必须把焙笼先从焙窟上移开，以免翻动时茶叶屑掉入炭火中，燃烧后产生的烟尘和气味被焙笼里的茶叶吸附。当青叶达八至九成干时，下笼摊凉 0.5～1 小时后进行复焙。复焙用暗火，即焙坑内的木炭烧红、炼透（表面有白灰脱落）后打碎压实盖上炭灰，温控 80℃左右，摊叶厚度 3～5 厘米，焙至足干。

（3）箱式烘干机烘焙

萎凋叶达九成干时，采用 7B 型箱式烘干机烘干，摊叶厚度 2~3 厘米，温度 80~90℃，历时 30 分钟左右至足干。

（4）连续烘干机烘焙

萎凋叶达九成干的直接焙至足干，控制烘干机风温 80~90℃，摊叶厚约 3 厘米，历时 20 分钟左右至足干。萎凋叶为六至八成干的要分两次烘焙。初焙风温 90~100℃，摊叶厚 3 厘米，历时约 10 分钟后下机，摊凉 0.5~1 小时后进行复焙，复焙温度 80~90℃，摊叶厚 3 厘米，历时约 20 分钟，焙至足干。

政和白茶干燥技术要点：干燥主要是为了巩固萎凋过程中已形成的品质和弥补萎凋过程的不足。当萎凋程度不足时切忌付焙，过早烘焙的萎凋叶成品色黄、味淡，并带有青气；粗老茶叶的萎凋程度往往不够充分而导致茶汤青、涩味重，故应提高烘焙火功；而对萎凋充分的嫩叶，烘焙可以衬托茶香，但要防止火功过高，以免"火香"掩盖白茶特有的"毫香"。

政和白茶烘干完成后应趁热装箱，并边装边摇，其原因在于：①适当的叶温可保持叶张的韧性，在装箱时可减少断碎，还能多装，从而减少包装和运输费用；②可减少干茶与空气接触的时间，避免受到微生物的污染；③可防止干茶吸收空气中的水分，有利于保持干燥度，从而保证茶叶品质在存储过程的稳定性。

3. 拣剔方法

拣剔主要是为提高茶叶的纯净度，以符合产品的质量要求。手工拣剔时动作要小心、轻快，防止芽叶断碎（图 4-7）。毛茶等级愈高，对拣剔的要求愈严格（杨丰，2017）。

白毫银针应拣去过长的芽蒂，红变、泛黄、暗色和发黑的针以及针脚（只剥除鳞叶或鱼叶剩余的茎及后期鲜叶剥取的针所带的茎）和绽开芽、叶片、叶角、杂物等。

图 4-7　手工拣剔

高级白牡丹应拣去蜡叶、黄片、红张、粗老叶、茶梗和非茶类杂物；一级白牡丹应剔除蜡叶、红张、梗片和非茶类杂物；二级白牡丹只剔除红张和非茶类杂物；三级仅拣去梗片和杂物。

贡眉白茶拣剔与白牡丹相同。寿眉白茶也应拣去非茶类夹杂物。

目前，白茶生产厂家已经广泛使用色选机和静电拣梗机进行毛茶的拣剔与除杂（图 4-8、图 4-9）。

图 4-8　色选机拣剔

图4-9 静电拣梗机除杂

4. 拼配方法

商品流通中的白茶产品通常是需要拼配的。茶谚有云:"今天采回来是宝,明天采回来是草"。也就是说,即使是同一山场、同一品种的原料,不同时间采收和制成的产品都可能品质悬殊。而每天生产的产品都单列销售是不现实的,通过毛茶拼配,可以使不同毛茶在香气和滋味品质上取长补短,最终获得品质均衡而稳定的成茶商品。

拼配时,首先要对不同的加工批次、不同品种花色的白茶毛茶进行感官审评,划分等级,按级(批)、按堆、按号叠放。然后根据所需或各级标准样水平,把符合品质规格要求的各批次、品种花色毛茶依一定比例进行拼合。先每号扦取500～1 000克试拼小样,以本批加工的各堆各筛号茶为主,结合其他批次的标注上升、下降符合本级质量要求的各堆号、各筛号茶进行拼配。将按比例拼配的样品,先取500克样品置烘箱内,温度120℃烘焙15分钟,然后从中取150克左右,严格对照统一茶坯标准样进行再次审评,对各项因子的高、低、匀称进行调整,使拼配小样的外形与内质符合标准样的指标要求,并具有取长补短的效果,方可按比例拼合大堆样(杨丰,2017)。

（六）政和白茶初制过程中的化学变化

白茶初制中的萎凋工艺是既不促进，也不抑制在制青叶中的多酚氧化酶活力的独特过程。据陈洪德等的研究，萎凋开始后，随着水分的逐渐散失，在制青叶内的多酚氧化酶总活力呈下降趋势，然而在萎凋时间达到 12 小时、30 小时时分别有一次明显的活力高峰，萎凋达 54 小时（第一次并筛后）出现第三次酶活力高峰，这是由于并筛后叶层增厚，微域气候改变，叶温升高的结果，随后酶活力下降，萎凋达 60 小时进行第二次并筛后酶活力又略有上升（顾谦等，2002）。多酚氧化酶活力的缓慢下降和短暂上升使得叶内的多酚类物质只能发生缓慢而轻度的氧化，这是白茶品质形成的重要机制。

萎凋过程中，青叶内的叶绿素在叶绿素酶的作用下水解、转化成衍生物，还有胡萝卜素、叶黄素的变化及儿茶素氧化产物的形成，协调构成了白茶干茶的特殊色泽，同时青叶中的淀粉和蛋白质分别水解成单糖、氨基酸，为白茶香气与滋味的形成奠定了基础。萎凋中后期，青叶中的儿茶素缓慢轻微地氧化缩合，使茶汤滋味醇和，汤色呈杏黄色。萎凋后期，青叶中的酶活性降低，儿茶素与氨基酸、氨基酸和糖相互作用产生芳香物质。干燥过程中，青叶中的叶绿素继续遭到破坏，可溶性氧化物增加，儿茶素总量减少（潘根生等，1995）。

（七）紧压白茶加工工艺

紧压白茶的加工工艺流程为：白茶→称重→蒸湿→压制→定型→烘干。

将待压的白茶按所需压制的重量进行称重（产品净含量 = 成品含水量 − 压前含水量 + 压制损耗量）后，置于蒸台（由蒸汽机、蒸筒和定时器组成）上进行蒸湿，根据不同的品类，设置蒸茶时间在 20～45 秒，陈茶需要延长至 60 秒左右。蒸后即倒入压饼机（压制机组由液压机、压力调节器、压制定时器和不同形状及规格的模型组成）的模型中进行加压，压力设置在 30～50 千牛，压制时间设置在 2～3 分钟，压制完成后即装入布袋中进行定型或采用石模定型（应冷却后进行）。定型结束后，将茶饼放在烘房的架上，一层层排列整齐，然后关闭门窗，对烘房进行加温，维持烘房温度（60±2）℃ 2～3 天，茶饼达到足干即可，此时茶饼含水量应不超过 8%（杨丰，2017）。

五 产品及特征

（一）政和白茶的总体品质特征

政和白茶属轻微发酵茶类，具有外形自然、内质清雅的品质风格，其总体品质特征为：干茶毫心肥壮、叶张肥嫩、芽叶连枝、芽毫银白，色灰绿；冲泡后汤色杏黄或浅黄亮，毫香显露，滋味鲜醇，叶底匀亮。其中，汤色以浅杏黄或橙黄明亮为好，红、暗、浊为劣；香气以毫香明显、清鲜纯正为上，淡薄、生青气、有红茶发酵气为次；滋味以鲜醇、清甜为上，粗涩淡薄为下（福建省政和县质量技术监督局等，2008）。

（二）政和白茶产品等级的划分

政和白茶产品分为白毫银针、白牡丹、贡眉、寿眉四大类，各类再细分等级。其中，白毫银针有特级、一级两个等级；白牡丹分特级、一级、二级三个等级；贡眉也划分为特级、一级、二级三个等级；寿眉只有一级和二级两个等级。

（三）政和白茶品类花色

1. 传统白茶产品（表 5-1）

表 5-1　传统白茶产品的种类与区别

品类	原料来源与标准
白毫银针	由政和大白茶、福安大白茶等大白茶类品种的肥壮单芽制作而成
白牡丹	原料采摘标准为一芽一、二叶嫩梢。其中，用菜茶品种制成的白牡丹称为"小白"，用大白茶品种制成的白牡丹称为"大白"，用福建水仙品种制成的白牡丹则称为"水仙白"。民国时期，政和县出口的白茶产品多为"水仙白""小白"及政和大白茶品种制作的"大白"三种毛茶原料拼配而成

品类	原料来源与标准
贡眉	以菜茶品种的芽叶制成的白茶，原料采摘标准为一芽二叶至一芽二、三叶梢，要求含有嫩芽、芽尖
寿眉	寿眉的原料是制作白毫银针原料"抽针"后的叶梢，或以大白茶类品种的形成驻芽的 2～3 叶梢或幼嫩单片为制作原料。白牡丹（"大白""小白"）精制后的副产品也统称寿眉
水仙白	以福建水仙品种的芽叶制成的白茶，可单独制成产品，也可作为其他白茶的拼配组分
其他品种白茶	以福云 6 号、福云 595、九龙大白茶、早春毫、梅占、茗科 1 号等品种的芽叶制成的白茶

2. 奶香型枝梢白茶

采用福安大白茶、政和大白茶等大叶类品种，待春季芽梢长至 3～5 叶，叶片充分开展且较成熟时，采下加工白茶。也有把采下的枝梢用绳子穿在一起，挂起来自然萎凋制作成白茶，或 3～5 个枝梢用棉绳捆扎成一束，经萎凋加工成白茶，这种白茶冲泡后奶香明显，滋味醇厚。

3. 新工艺白茶

新工艺白茶按萎凋→轻揉→干燥的初制工艺制成，其品质特征相似于低档的贡眉或寿眉，干茶外形较贡眉紧卷成条、稍曲，叶张略有卷褶呈半卷条形，色泽暗绿带褐，冲泡后香气清醇甜和，汤色杏黄偏深，滋味浓醇清甘，叶底色泽青灰带黄，叶张开展，筋脉泛红，味似绿茶但无清香，似红茶而无醇感，别具风格（郑乃辉等，2011）。

4. 紧压白茶

紧压白茶是指以白茶散茶产品为原料，经拣剔→拼配→蒸压定型→干燥流程制成的产品，具有便于包装、存储和携带等优点，且在存放的过程中会发生轻微的氧化反应，因而冲泡后香气更加浓纯馥郁，回味甘甜。市场上的紧压白茶大小、规格、形状不一，净重分别有100克、200克、250克、357克、6 000克等，形状有片状、圆饼状及方砖形等，以外形匀称端正，松紧适度，不起层脱面，内质香气纯正，滋味醇爽，汤色明亮，叶底匀整为佳。根据原料来源不同，紧压白茶分为紧压白毫银针、紧压白牡丹、紧压贡眉和紧压寿眉四种产品（福建省福鼎市质量计量检测所，2015）。

2015年发布的《GB/T 31751—2015 紧压白茶》标准中，紧压白毫银针、紧压白牡丹、紧压贡眉和紧压寿眉四个类别产品没有进一步细分等级，这导致产品在现实销售过程中容易产生鱼目混珠、以次充好的问题，比如，特级、一级、二级，甚至三级白牡丹毛茶压制的产品都可以称为紧压白牡丹。因此，为规范紧压白茶产品的生产和流通，产品压制前应评定毛茶原料的等级，成品的包装上也必须注明原料等级。

（四）什么是老白茶？

答：老白茶俗称"陈白茶"，是指在良好的存储条件下（阴凉、干燥、通风、无异味且相对密封避光）存放了5年及以上的白茶产品，包括老银针、老牡丹、老贡眉、老寿眉，其外形和内质都呈现出年份感。优质的老白茶干茶外形保存完整，茶汤一般橙黄透亮，口感醇滑甘甜，常带有蜜糖香和清幽的花香，"陈香"或"陈韵"明显（福建大与实业有限公司等，2021）。

（五）政和白茶选购时的鉴别要点

购买政和白茶产品时，可通过观外形、闻香气、品滋味来鉴别其品质优劣。仅茶叶香气而言，好的白茶都带有不同的怡人之香，有工艺缺陷的白茶不仅不香，甚至有青臭味、异味、馊味或霉味。

优质的政和白茶新茶的品质特点：干茶外形叶态自然，平伏舒展，芽多而壮，叶张幼嫩，色泽灰绿，毫芽灰白；冲泡后茶香鲜浓，毫香显，略带花果香，茶汤滋味鲜醇甘润、茶味足，叶底叶张细嫩，黄绿明亮，茎脉微红，悦人心目。

优质的政和老白茶的品质特征：干茶外观色泽以粉黄、黄褐、灰褐且带光泽为佳，黄褐、暗褐、乌褐为次，叶态以完整、芽毫银白、多而壮为上；冲泡后茶汤香气纯正，陈香显，带蜜香或果香，挂杯持久，滋味醇润，陈味足，带蜜糖味或果味，尽显甘、活、爽，叶底鲜活、匀整，亮而有光泽。

此外，民间通常称树龄较长的茶树品种如政和大白茶或菜茶等为"老枞"，其芽叶制成的白茶冲泡后茶香中往往夹带有木质味、青苔味或糙米味等独特风味，俗称"老枞"味，其香细幽，其味绵柔。

（六）不同季节政和白茶的品质区别

1. 春茶

一般从 3 月上旬至 5 月上旬采制。由于春季温度适宜、漫射光较多，且茶树在冬眠（11 月中旬至翌年 3 月上旬）期间根部吸收和贮藏了大量的养分，因而春季芽梢内含物质丰富，蛋白质、氨基酸等含氮化合物合成较多，而茶多酚含量相对较低，清香型香气组分如己烯醇、戊烯醇、2–己烯醇等的形成较多，水浸出物、果胶、维生素 C 等的含量均高于夏秋茶，而且，春季新梢水分充裕，粗纤维含量低，持嫩性强，芽叶肥壮、叶片厚（杨亚军等，2009；陈宗懋等，2013），因此，春茶的干茶外形形态自然，芽叶肥壮，色泽鲜润；冲泡后茶汤香气清鲜高锐，滋味鲜爽醇厚，耐冲泡。政和白茶产品主要以春茶为主。

2. 夏暑茶

通常5月中下旬至8月下旬采制。此时期气温高、日照强，新梢生长迅速，鲜叶易老化。鲜叶中的碳代谢旺盛，糖化合物的形成和转化较多，茶多酚含量高，氨基酸分解速度快，含量明显下降，而带苦涩味的花青素、咖啡碱含量增加，戊烯醇、己烯醇等芳香物质含量较低（杨亚军等，2009），故而夏暑茶的干茶外形较粗大、色泽较花杂，冲泡后茶汤香气低，滋味较苦涩。

3. 秋茶

通常9月上旬至10月上旬采制。此时期气候条件介于春、夏之间，气候干燥，日照虽强，但气温明显降低，新梢生长减缓，因此秋茶的干茶外形尚粗大、色泽调和，冲泡后茶汤香气平和，滋味品质介于春茶和夏茶之间。

4. 冬茶

通常10月中旬至11月上旬采制。此时期气候逐渐转冷，天气干燥，日照减弱，昼夜温差大，茶树萌芽少，且生长缓慢，鲜叶的水分含量少，内含物质逐渐增加，但有利于芳香物质的形成（陈宗懋等，2013），所以冬茶的干茶外形较粗大、色泽调和，冲泡后茶汤香气高而滋味较淡薄。

（七）政和白茶实物标准样图稿

1. 白毫银针

政和白茶白毫银针产品（图5-1至图5-6）以福安大白茶、政和大白茶鲜叶为主要原料，直接采摘单芽或采肥壮嫩梢抽针付制，其总体品质特征为：干茶芽头肥壮、遍披白毫、挺直如针、色白似银；汤色浅黄透亮（政和大白茶所制白毫银针汤色稍深些），香气清鲜芬芳，滋味醇厚，叶底软亮厚实。

图 5-1 政和大白白毫银针标准样品罐

（本章图片均为张应美 摄影）

图 5-2 白毫银针（政和大白茶）特级　　　　图 5-3 白毫银针（政和大白茶）一级

图 5-4　福安大白白毫银针标准样品罐

图 5-5　白毫银针（福安大白茶）特级　　　　图 5-6　白毫银针（福安大白茶）一级

2. 白牡丹

政和白茶白牡丹产品（图 5-7 至图 5-13）以福安大白茶、政和大白茶鲜叶为主要原料,其总体品质特征为:干茶芽叶肥壮、毫心显露、芽叶连枝、叶面色泽灰绿;汤色浅橙黄(政和大白茶所制白牡丹汤色更深些)、清澈明亮,毫香显,滋味鲜醇浓厚,叶底匀整、明亮。

图 5-7　政和大白白牡丹标准样品罐

图 5-8　白牡丹(政和大白茶)特级　　　　图 5-9　白牡丹(政和大白茶)一级

图 5-10 福安大白白牡丹标准样品罐

图 5-11 白牡丹（福安大白茶）特级

图 5-12　白牡丹（福安大白茶）一级

图 5-13　白牡丹（福安大白茶）二级

3. 贡眉

政和白茶贡眉产品（图 5-14 至图 5-17）的总体品质特征为：干茶色泽灰绿或浅褐隐翠、毫心显；汤色杏黄明亮，香气鲜纯，滋味醇爽、回甘显，叶底匀整、柔软、鲜亮。

图 5-14　贡眉标准样品罐

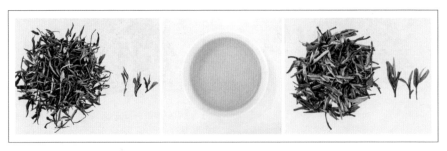

图 5-15　贡眉特级

图 5-16　贡眉一级

图 5-17　贡眉二级

4. 寿眉

政和白茶寿眉产品（图 5-18 至图 5-20）的总体品质特征为：干茶色泽灰尚绿、叶态自然舒展、叶缘略卷；汤色杏黄透亮，香气纯正，滋味清和爽口、似豆浆味，叶底稍有芽尖、较厚实、软亮、匀整。

图 5-18　寿眉标准样品罐

图 5-19　寿眉特级

图 5-20　寿眉一级

（福建政和瑞茗茶业有限公司　供图）

六

贮存与保管

（一）政和白茶贮存要求

1. 品质要求

预存储的白茶，一方面应具有白茶产品正常的色、香、味、形，无异气味，无霉变，特别是干燥要充分，保证含水率在 5% 左右，并及时装箱，以免受微生物的污染。

另一方面，在南方常温的存储环境下，12 个月内白茶干茶的含水量可由原来的 4%～6% 增长到 8% 左右。因此，在白茶的新国标《GB/T 22291—2017 白茶》中，出厂白茶理化指标中水分含量由原《GB/T 22291—2008 白茶》规定的 7.0% 修订为 8.5%。

2. 环境要求

阴凉：老白茶在储藏过程中要使白茶自然转化，库房气温不宜过高或过低，一般 28℃ 左右为宜。如要保持新茶的清鲜度，可在 5℃ 以下的冷库或冷柜中保存。

通风：储藏间要有足够的空间利于空气流动，在晴天空气干燥时可开启门窗通风透气，不宜在地下室或在地窖等通风不良处存储白茶。

干燥：白茶仓库的空气相对湿度以 50% 以下为宜，且无油、烟等异味（中华全国供销合作总社杭州茶叶研究院等，2013）。

3. 包装要求

密封：包装物要无毒、无异味、不污染白茶、密封性能良好，确保防潮效果。白茶产品小包装应采用覆膜铝箔袋排除空气后密封袋口，大包装宜采用三层包装法，即第一层（里层）为食品级塑料袋，第二层为铝箔袋，第三层（外层）为纸箱或木箱等容器包装，要排出空气，密封袋口。如要长期储存，在包装时还应将容器抖实，饱和包装，且包装容器越大越好。

避光：白茶的外包装物要不透光，可用纸箱、陶瓷罐、铁罐等容器，还可采用以铝箔或真空镀铝膜为基础材料的复合薄膜袋进行遮光包装，以确保白茶产品不受光线影响，避免发生褐变（杨丰，2017）。

4. 堆放要求

白茶存储堆放要做到货堆与墙、屋顶之间保持一定距离，留有适宜的通道（图6-1）。装白茶的箱子应离地15厘米以上，墙距应在60厘米以上，顶距50厘米以上，堆距在100厘米以上（中华全国供销合作总社杭州茶叶研究院等，2013）。

图 6-1　白茶存放仓库
（福建政和瑞茗茶业有限公司　供图）

（二）白茶存储不当对品质的影响

白茶在储藏过程中如果措施不当，可导致茶叶发生不正常氧化，冲泡后茶汤香气不纯、茶味不足，并出现异味、杂味。此外，白茶产品还可能受到霉菌的污染而产生霉斑，进而酸化变质。白茶产品干燥不充分或受潮吸湿后含水量偏高均易导致霉变，不良的加工方法、加工环境及人员卫生等因素也会造成产品霉变，霉变的茶叶是不能饮用的。

（三）导致贮存白茶品质劣变的主要环境因素

潮湿、高温、氧气、光照、异味等是导致白茶贮存过程中品质劣变的主要环境因素。

白茶干茶具有很强的吸湿还潮性，库房空气相对湿度超过 70% 就会因吸潮而发生霉变变质；气温能影响贮存白茶内含物发生生化反应的速度，温度越高，茶叶内含化学成分反应速度越快，其中的氨基酸、糖类、维生素和芳香物质等越容易被分解破坏。一般来说，温度每升高 10℃，干茶色泽褐变速度加快 3～5 倍，而在 0～5℃范围，褐变进程会受到抑制，白茶产品可在较长时间内保持原有的色香味；空气中的氧易与干茶中的化合物如叶绿素、醛类、酯类、茶多酚、维生素 C 等相结合而发生氧化反应，从而使白茶发生质的改变，冲泡后茶汤色泽变褐、变红，失去鲜爽味，营养价值也大大降低；光照不仅能产生热量，提升茶温，促进白茶内含物质的转化，如将叶绿素分解成为脱镁叶绿素等，而且，干茶经阳光中的紫外线照射后，其中的色素和酯类物质会发生光氧化反应而产生日晒味，这些都会导致白茶冲泡后香低味薄，汤色发暗甚至是茶香、色泽的劣变；而环境中的异味容易被干茶中含有的高分子棕榈酶和萜烯类化合物吸附，直接导致白茶干茶及其冲泡后香气不纯、带有异味而恶化品质（江用文等，2008；丁文，2010）。

（四）白茶是不是越陈越好？

答：政和白茶和其他白茶一样，属于饮料食品，通常来讲是有最佳饮用期的。所谓的"越陈越好"应该理解为存放越久越好，即在确保存储良好无变质的条件下，越久的茶的口味和药用价值更佳。生化分析结果表明，白茶在存储过程中有些成分在降解，有些成分在增加，如游离氨基酸、茶多酚及水浸出物总量均在逐年减少，而黄酮类化合物、茶红素、茶褐素的含量在逐年增加；芳樟醇及其氧化物、香叶醇、水杨酸甲酯、苯乙醇、橙花叔醇、香叶醛等花果香型香气成分随着贮藏时间的延长有不同程度的降低，而雪松醇、二氢猕猴桃内酯、2-甲基萘、柏木烯、β-柏木烯等香气成分有不同程度的增长（刘琳燕，2015），而直观的品饮发现，白茶经过存储以后香型更丰富（陈香中带有木香、枣香、梅子香等），滋味更加浓重醇厚，茶汤的色泽越来越深，但白茶的最佳品饮期尚未有定论，还需进一步研究。

（五）政和白茶的收藏

白茶产品有传统白茶和紧压白茶两大类，应该收藏哪一类？是收藏散茶还是饼茶？主要根据个人口味和喜好而定。通常来说，高等级散茶的老茶品质会有层次感些，内含物较丰富，更显毫香蜜韵；而饼茶便于存放，冲泡时茶汤浓度高些，但香型较为单一，层次感会差些。

（六）老白茶的年份鉴别

目前，对于标识缺失的老白茶，尚无有效的科学方法来鉴别其具体的出品年份。相同的一款白茶产品，不同的包装、不同的存储环境都会呈现不同的品质特点，更何况预存储的产品自身就有很大的差异，因此，老白茶的年份鉴别还要进一步研究，但存放时间较短的产品大致可根据外观色泽、陈香高低、陈味浓淡以及不同年份老白茶所呈现的香型高低和持久度进行分辨。

（黄海屿）摄影

七

品鉴
与泡饮

（一）政和白茶审评前的样品抽取

抽取有代表性的样品是茶叶审评及检验中普遍采用的方法，取样是否正确直接影响由样品所得估计值的准确性，特别是白茶属于叶形茶，不易匀堆，且易断碎，取样过程中应注意轻取轻拌。

取样一般采用随机取样法（概率抽样法），随机取样法应使待抽总体内所有各个单位都有均等被抽取为样品的概率。在同一单位的堆垛中抽样时，前后抽取的样品不一致，所取得的样品不是随机样品，应匀堆后或逐件再取得随机样品。如发现品质、包装或堆存异常时，应扩大取样数量，以保证所取样品的代表性，必要时，应停止抽样。随机取样法通常可在在制品和成品中进行。

1. 在制品取样

在匀堆的堆垛中取样，应在四面的堆垛中（距垛边 30 厘米以上处）截面抽取，每次抽取约 1 千克样品装在样器中，然后混匀，用四分法缩取至所需的样品量（即将样茶充分混和，摊平一定的厚度，再用分样板按对角画"×"形的沟，将茶分成独立的 4 份，取 1、3 份，弃 2、4 份，反复分取，直至所需数量为止）；在输送机上抽取样品，根据总量和传送速度，相隔一定时间，用取样盘等截取相应的样品约 500 克装在样器中，然后混匀，再用四分法缩取至所需的样品量（施兆鹏等，2010）。

2. 成品取样

在已包装的堆垛中取样，按《GB/T 8302—2013 茶 取样》的规定，1～5件，取样 1 件；6～50 件，取样 2 件；51～500 件，每增加 50 件（不足 50 件者按 50 件计），增取 1 件；501～1 000 件，每增加 100 件（不足 100 件者按 100 件计）增取 1 件；1 000 件以上，每增加 500 件（不足 500 件者按 500 件计），增取 1 件（中华全国供销合作总社杭州茶叶研究院等，2013）。抽取时，应按梅花点式抽取规定的件数，然后将所取样逐件开启，分别倒入样品布或样品沥中，再抽取样品约 500 克，然后混匀，用四分法缩取至所需的样品量。

（二）政和白茶审评设备与要求

1. 评茶室的要求

感官审评室内要求有均匀、充足的自然光。一般要求背南面北，室内外不能有红、黄、蓝、紫、绿等杂色反光和遮断光线的障碍物等。室内墙壁与天花板粉刷白色，以增强室内光线的明亮度。为避免窗外反射光的干扰，最好在北面窗外设一向外突出倾斜 30° 的黑色采光斗，采光斗高 2 米左右，顶部覆盖 5 毫米厚透明玻璃，使光线只通过斜斗上方的玻璃窗射入室内，茶样的干评台就置于斜斗窗下，这样也保证了干评台台面的受光均匀。此外，审评室内还要求干燥、清洁，控制室温 18～22℃，空气相对湿度 52%～60%，并保持空气新鲜，四周无异味和噪声干扰，忌与食堂、化验室、卫生间等相邻（杨丰，2017）。

2. 评茶室配置

评茶室应配备干评台（图 7-1）、湿评台（图 7-2）、样茶柜架等设备及审评盘、审评杯、审评碗、叶底盘、网匙、汤匙、汤杯和定时钟、电子秤、烧水壶、吐茶筒等评茶用具。

图 7-1　干评台

（本章图片均由福建政和瑞茗茶业有限公司　供图）

图 7-2 湿评台

（1）审评盘（图 7-3）

亦称样茶盘或样盘，是审评茶叶外形用的，材质有薄木板、竹板或塑料，要求无毒、无异味、不带静电。审评盘有长方形和正方形两种，正方形盘方便筛转茶叶，而长方形盘利于节省干评台空间。正方形的规格尺寸一般长、宽、高分别为23厘米、23厘米、3厘米，长方形的则为25厘米、16厘米、3厘米，一般漆成白色，盘的一角均开2厘米的缺口，便于倾倒茶叶。审评毛茶一般采用篾制圆形样匾，直径为50厘米，边高4厘米（杨丰，2017）。

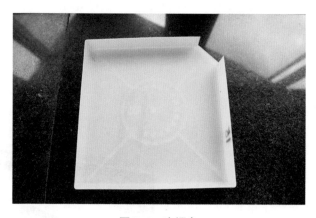

图 7-3 审评盘

（2）审评杯、审评碗（图 7-4、图 7-5）

为特制纯白色圆柱形瓷杯，杯高66毫米，外径67毫米，容量为150毫升，具盖，盖上有一小孔，杯盖上面外径 76 毫米，与杯柄相对的杯口上缘有呈锯齿形或弧形的滤茶口；配套的盛装茶汤的审评碗为广口状，高 56 毫米，上口外径 95 毫米，容量为 240 毫升。

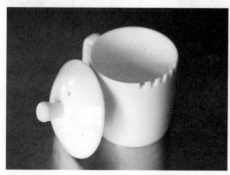

图 7-4　审评杯

图 7-5　装茶汤的审评碗

（3）叶底盘、汤匙、汤杯（图 7-6、图 7-7）

用于审评滤过茶汤后的叶底，木质叶底盘有正方形和长方形两种，正方形的长宽均为 10 厘米、边高 2 厘米，长方形的长、宽、高分别为 12 厘米、8.5 厘米、2 厘米，通常漆成黑色（杨丰，2017）。此外，还可配置适量长方形的白色搪瓷盘，盛装清水后漂看叶底。

图 7-6　叶底盘

图 7-7　汤匙、汤杯

（4）定时钟、样茶秤

见图 7-8、图 7-9。

图 7-8　定时钟

图 7-9　样茶秤

（三）政和白茶的感官审评程序

政和白茶品质的判定和等级的划分主要通过感官审评干茶的外形及冲泡后的香气、滋味、汤色、叶底等因子，审评程序依次为：扦样→把盘→评外形→开汤→嗅香气→看汤色→尝滋味→评叶底。

1. 扦样

扦样时要分清批次，再从上、中、下各层中扦取有代表性的样品拌匀，用四分法缩至 500 克，作为审评用茶。扦样动作要轻，尽量避免抓碎、弄断导致走样而影响审评结果。

称取开汤审评或检验用的样茶，要先将样罐的茶叶全部倒出拌匀，再用拇指、食指、中指抓取，每杯用样应一次抓够，宁可手中有余茶，不宜多次抓茶添加。

2. 把盘

把盘是审评白茶外形的首要操作步骤。一般将白茶放入审评盘中，双手持审评盘的边缘，运用手势做前后左右的回旋转动，使审评盘里的茶叶均匀地按轻重、大小、长短、粗细等有次序地分布，然后察看审评盘中干茶的外观状态。

3. 评外形

叶态：主要看芽叶连枝、叶缘垂卷、平伏舒展、弯曲、平板、摊张等状态以及是否匀称、整齐。

嫩度：主要从芽毫多少、壮瘦，是否显毫、叶张粗嫩等状况判断。

色泽：主要看叶张和芽毫颜色，叶张有翠绿、灰绿、暗绿、墨绿、青绿、枯暗、红张、花杂之分；毫芽有银白、灰白等的不同。

净度：主要看夹杂物多少及是否有非茶类夹杂物。

4. 开汤评内质

审评用水的水质必须符合国家规定的饮用水标准，有条件的可以用桶装水。冲泡用水水温为100℃，浸泡的时间第一泡为5分钟，第二泡为3分钟，茶水比为1∶50。

（1）开汤

为湿评内质的第一步。开汤前应先将审评用的器具洗净，按号码次序排列在湿评台上。称取白茶3克投入150毫升的审评杯内，杯盖应放入审评碗内，然后用沸滚适度的开水以慢→快→慢的速度冲泡满杯，立即加盖。冲泡第一杯起计时，并随泡随加杯盖，盖孔朝向杯柄，浸泡达5分钟时按冲泡次序将杯内茶汤滤入审评碗内（图7-10）。倒茶汤时，杯应卧搁在碗口上，杯中残余茶汤应完全滤尽（杨丰，2017）。

（2）嗅香气

一手拿住已倒出茶汤的审评杯，另一手半揭开杯盖，靠近杯沿用鼻轻嗅或深嗅。为了正确判别香气的类型、高低和长短，嗅香时应重复1～2次，但每次嗅的时间不宜超过3秒，而且每次嗅闻时应将杯内叶底抖动翻身，且在未评

图 7-10　政和白茶的审评

定香气状况之前，审评杯都要盖住。嗅香气应热嗅、温嗅、冷嗅相结合进行。辨别茶叶香气以温嗅为主，最适合的时机是叶底温度 55℃时，热嗅主要是辨别茶叶的异杂味和特殊气味，冷嗅主要是评定茶叶香气的持久性。为了直观显示各杯茶叶的香气优劣，嗅评后一般将香气好的杯往前推，次的往后摆，俗称"香气排队"（杨丰，2017）。

（3）看汤色

察看审评碗内的茶汤一般先看其色泽，汤色易受到光线强度、排列位置、沉淀物含量等外界因素的影响，如茶汤中混入茶叶残渣，应用网匙捞出，然后用茶匙在碗里打一圆圈，使沉淀物旋集于碗中央，然后开始审评，按汤色性质及深浅、明暗、清浊等评比优次（杨丰，2017）。

（4）尝滋味

评汤色后立即品尝茶汤滋味（当茶汤温度为 45℃左右时最适宜评味），方法是：每次用瓷茶匙取茶汤 5～8 毫升于小汤杯中，迅速吸入口内，使茶汤在舌头上循环滚动而布满舌面，并在舌的中部回旋 2 次，尝味后的茶汤一般不咽下而吐入吐茶筒中。审评滋味主要区别茶汤的浓淡、强弱、爽涩、鲜滞及纯异等因子的差异（杨亚军等，2009；杨丰，2017）。

（5）评叶底

叶底主要审评老嫩、匀杂、整碎、色泽和开展与否等因子的差异，同时还要注意察看有无其他非茶类物质的掺杂。评叶底时，先将审评杯中滤尽茶汤的茶叶倒入叶底盘中或放在杯盖的反面上，还可以放入白色的搪瓷盘里，要注意把细碎且粘在杯壁、杯底和杯盖的茶叶倒干净，再将叶底盘或杯盖上的叶张拌匀、铺开，观察其嫩度、匀度和色泽的优次，还可在叶底盘里加茶汤或清水使叶张漂在水中，以便观察分析。评叶底时，要充分发挥眼睛和手指的作用，通过手指感觉叶底的软硬、厚薄等，再察看叶底中芽、叶的含量、叶底的光泽和匀整度等（杨丰，2017）。

（四）政和白茶审评常用的外形评语

毫心肥壮：芽肥嫩壮大，茸毛多。

芽叶连枝：芽叶相连成朵。

叶缘垂卷：叶缘向叶背卷起。

平伏舒展：叶态平伏伸展。

匀整：粗细、大小、长短一致。

摊张：叶张不抱芽，平板。

弯曲：叶张皱折带弯曲。

破张：叶张断碎。

叶背银白：绿中带白。

翠绿：鲜绿，有光泽。

灰绿：绿中带灰，有光泽。

暗绿：叶色深绿，无光泽。

黄绿：绿中带黄，无光泽。

橘红：色红而枯燥。

花杂：色泽不一致，欠匀。

洁净：净度好，无蜡片等非茶类夹杂物。

（五）政和白茶审评常用的内质评语

1. 香气评语及含义

清鲜：清高鲜爽。

毫香：指嫩芽、茸毛所具有的香气。

花果香：带有鲜花或果实的香气。

特殊香：带有令人愉悦的特殊香气。

鲜纯：新鲜纯正。

青气：有青草或青叶的气息。

异味：不正常的气息，非茶叶本身的气味。

2. 汤色评语及含义

浅杏黄：白中带黄，清澈明亮。

杏黄：浅黄明亮。

黄亮：黄而明亮。

橙黄：黄中微泛红。

深黄：黄色较深。

暗黄：黄中带暗。

3. 滋味评语及含义

清甜：清鲜爽口，有甜味。

醇爽：醇而鲜爽。

醇厚：醇而甘厚。

醇正：正常尚浓。

粗淡：有粗老味，淡薄。

青涩：有青味，带涩感。

4. 叶底评语及含义

匀嫩：肥壮软嫩，匀齐。

柔软：用手压或拧，感觉柔软有弹性。

明亮：均匀有光泽。

红张：叶张红色。

（六）政和白茶审评的计分方法

按《GB/T 23776—2018 茶叶感官审评方法》，政和白茶品质感官审评因子的评分权重和对样审评各因子的七档计分标准如表 7-1、表 7-2 所示。

表 7-1　感官审评项目与因子权重

产品类型	项目							
	外形（%）				内质			
	形态	色泽	匀整	净度	香气（%）	汤色（%）	滋味（%）	叶底（%）
传统白茶	25				25	10	30	10
紧压白茶	20（整碎度不列为审评因子）				30	10	35	5

表7-2 对样审评各因子计分标准

对样审评结果	计分	备注
高	+3	差异大，明显好于对照样
较高	+2	差异较大，好于对照样
稍高	+1	仔细可区分，稍好于对照样
相符	0	与对照样相等
稍低	−1	仔细可区分，稍差于对照样
较低	−2	差异较大，差于对照样
低	−3	差异大，明显差于对照样

（七）政和白茶的品饮方法

首先，政和白茶可泡可煮，新茶和高等级的白茶以盖碗泡和杯泡为佳，低等级老白茶以煮饮和焖泡为佳，选择哪一种冲泡方式视个人的品饮口味而定。其次，不同年份、不同等级的政和白茶用相同的冲泡方式，要得到相同浓度的茶汤，投叶量是不一样的。新茶及等级高的白茶中茶多酚、咖啡碱等影响茶汤滋味的成分含量较高，投茶量宜少；相反，老茶及等级低的白茶可适量多放些。再次，高等级的新白茶冲泡水温宜低些（90℃左右），低等级的新白茶冲泡水温可高些（95℃左右），老茶的冲泡水温则以100℃为宜。各种品饮方式的具体方法分述如下。

1. 盖碗冲泡

茶水比例1：25（5克茶：125毫升水），润茶后用90～100℃的水冲泡，第一泡浸泡 20 秒，第二泡 15 秒，第三泡 15 秒，第四泡 20 秒，第五泡 30 秒。白毫银针的浸泡时间宜比白牡丹延长 5～10 秒。

2. 杯泡

用玻璃或陶瓷杯冲泡，茶水比例 1∶150（1 克茶∶150 毫升水），用 90℃ 水直接冲泡 3～5 分钟，当茶叶徐徐下沉后即可滤出或直接饮用，可反复冲泡 3 次。

3. 煮茶器煮饮

适用于老茶的饮用，茶叶以选择三年以上的寿眉、五年以上的白牡丹为佳。茶水比例为 1∶（100～150）[1 克茶∶（100～150 毫升水）]，煮至橙黄或琥珀色即可饮用。

4. 焖泡法

与煮饮相似，适用于三年以上的寿眉、五年以上的白牡丹等老茶的饮用。茶水比例为 1∶（250～300）[1 克茶∶（250～300 毫升水）]，投茶后往容器中注入 95～100℃的水，焖 15 分钟后即可倒出品饮。

（八）政和白茶香气描述

政和白茶在加工过程中自然散发出独特而丰富的花香、果香，存放过程转化良好的老白茶还会有迷人的陈香。目前所知的政和白茶香型有乳香、果香、豆脂香、兰花香、茶花香等；老白茶常带蜜香、玫瑰花香、橙子香或薄荷香等；越高等级的政和白茶香气越细腻持久；寿眉则常带有奶香、枣香、木质香、梅子香或杏仁香等。而桃红杏白、琥珀蜜语、幽微细密、梨花春雨、豆蔻年华、幽泉、清峻、清雅、芳甘、温润、蜜粉等文学化的描述为政和白茶的品鉴增添了几分情趣。

（九）"鲜""青""生"的感官区别

政和白茶的"鲜"与"香"密不可分，既有茶的品种香和工艺形成的香，更有类似于鲜笋的鲜甜。新茶会略带"青"味，花香中略带丝丝青气，但很快会消退。随着年份增加，"鲜"味也会逐年消退，转化为"醇"味。白茶的"生"味常常被人们混同为"青"味，其实"生"是"夹生"，是工艺不到位，萎凋掌握不好，仿佛没有煮熟的青菜或生花生，让人感觉不适。

（十）政和白茶的品鉴理念

"可高可低、可新可旧、可泡可煮"，这是政和白茶品饮的正确理念。由高等级的鲜叶原料制成的白毫银针、白牡丹、贡眉好喝，而由低等级的原料制成的寿眉也不错。因为鲜叶只是原料基础，加工工艺才是成败关键，直接决定了茶叶品质的好坏和等级的高低。个人可根据口感、体质以及品饮方式选取白毫银针、白牡丹、贡眉或者寿眉饮用。白毫银针、白牡丹、贡眉更适合冲泡饮用，而老寿眉煮饮更甜润。再者，从品饮角度来说，不是"越老越好"，新有新的好，老有老的韵。新茶鲜爽，香气清新，老茶馥郁，更醇厚细腻，前提是新茶质量过关，储存条件好。

八

饮茶与健康

（一）白茶的保健功效

白茶性清凉，通俗来讲，具有养心、养肝、养目、养神、养气、养颜等功效。国内外医学研究证明，白茶中的生物活性物质具有清除自由基、抑菌解毒、降血压、降血脂、降血糖、防辐射等功能，长期饮用白茶可以显著提高人体内酯酶活性，促进脂肪分解代谢，有效控制胰岛素分泌量，延缓葡萄糖的肠吸收，分解体内血液中多余的糖分，促进血糖平衡，防治糖尿病和心脑血管病，可以发挥祛暑退热、减肥、助消化、消除疲劳、延缓衰老、提高免疫力、抗癌等保健功效（政和县地方志编纂委员会，2018）。

（二）政和白茶的主要生化成分研究

1. 不同产地、等级和年份的白茶主要生化成分含量的差异

胡金祥（2020）的研究表明：政和白茶干茶中的茶多酚、咖啡碱含量整体高于福鼎白茶，而前者可溶性糖含量总体低于后者；随着白茶产品等级的降低，干茶中的水浸出物、茶多酚、酯型儿茶素、游离氨基酸、咖啡碱的含量均呈下降趋势，而其中的总黄酮含量、可溶性糖含量呈上升趋势；存放5年的政和白茶与新白茶相比，干茶中的游离氨基酸总量、咖啡碱含量整体呈下降趋势，而其中的没食子酸含量显著上升，干茶中的茶多酚、总儿茶素和总黄酮的含量则总体变化不大。

2. 不同茶树品种加工的白茶主要生化成分含量的差异

黄赟（2013）对比分析了政和大白茶、福鼎大毫茶、福鼎大白茶、福安大白茶品种鲜叶加工的白牡丹的主要生化成分含量的差异，结果表明：4个茶树

品种所制的白茶干茶中的咖啡碱、可溶性糖、茶黄素含量较为接近，而水浸出物、茶多酚、游离氨基酸、总黄酮含量的差异较大，其中：政和大白茶的水浸出物、游离氨基酸、茶红素含量最低；福鼎大毫茶的游离氨基酸、可溶性糖含量最高；福鼎大白茶的总黄酮、茶红素、茶褐素含量最高，茶多酚、可溶性糖含量最低；福安大白茶的水浸出物、茶多酚含量最高，总黄酮、茶褐素含量最低。

3. 白茶散茶与紧压茶主要生化成分含量的差异

黄赟（2013）对比分析了白茶散茶与紧压茶的主要生化成分含量的差异，结果表明：白茶紧压茶的含水量、咖啡碱、茶红素、茶褐素的含量高于白茶散茶，而游离氨基酸总量低于散茶，两者其余化学成分含量的差异则不明显。此外，在香气物质的组成上，白茶散茶的香气组分主要以醇类化合物含量最高，酯类化合物、酮类化合物次之。白茶饼与散茶相比，香气组分中的醇类化合物含量降低，酯类化合物、酮类化合物含量升高。白茶的香气成分主要以芳樟醇及其氧化物、4-甲基-2,6二叔丁基苯酚、苯乙醛、棕榈酸正丁酯、1,2苯二甲酸-2-乙基己酯等组分的含量较高，白茶饼除上述香气成分外，环己酮、棕榈酸甲酯、植醇的含量也较高（黄赟，2013）。

4. 不同产地、不同嫩度的白茶干茶及茶汤香气成分的差异

何丽梅（2014）基于GC-MS图谱的检测分析结果表明：因鲜叶采摘嫩度不同，白牡丹干茶香气成分种类多于白毫银针；因地域气候及海拔差异，政和白茶干茶的香气成分种类略少于福鼎白茶，其中，政和白毫银针干茶中有37种挥发性香气成分，福鼎白毫银针干茶中有43种挥发性香气成分；政和白牡丹干茶中有67种挥发性香气成分，福鼎白牡丹干茶中有72种挥发性香气成分。白毫银针干茶香气成分主要以萜烯类碳氢化合物为主；白牡丹干茶香气成分主要以萜烯醇为主；3-蒈烯为福鼎及政和白毫银针干茶的特征性香气成分，而

政和白毫银针干茶中的 3– 蒈烯含量低于福鼎产地；芳樟醇及其氧化物为福鼎与政和白牡丹干茶的特征性香气成分，且政和白牡丹干茶的芳樟醇及其氧化物含量高于福鼎白牡丹，香气呈现出以清甜花香为主的花果香。

何丽梅（2014）的研究还发现：白毫银针与白牡丹的茶汤香气成分种类及浓度均高于干茶，其中，政和白毫银针茶汤中有 84 种挥发性香气成分，福鼎白毫银针茶汤中有 85 种挥发性香气成分；政和白牡丹茶汤中有 105 种挥发性香气成分，福鼎白牡丹茶汤中有 135 种挥发性香气成分。白毫银针茶汤香气成分主要以碳氢化合物为主，白牡丹茶汤香气成分主要以萜烯醇和萜烯类碳氢化合物为主。3– 蒈烯和 β– 月桂烯为福鼎白毫银针茶汤的特征性香气成分，1,1– 二甲基 –2–（3– 甲基 –1,3– 丁二烯基）– 环丙烷和 3– 蒈烯为政和白毫银针茶汤的特征性香气成分，其中政和白毫银针茶汤的 3– 蒈烯含量低于福鼎产区；而芳樟醇和 β– 月桂烯为福鼎及政和白牡丹茶汤的特征性香气成分，且政和白牡丹茶汤的芳樟醇含量低于福鼎地区，而 β– 月桂烯含量高于福鼎地区，香气呈现出以清甜花香为主的花果香。

（三）政和白茶的主要功能成分及其保健功效

现代科学研究表明，白茶中富含茶氨酸等多种氨基酸，总黄酮含量较高，还含有儿茶素、茶黄素、咖啡碱、茶多糖、维生素 P 等多种生物活性物质，在一定剂量的基础上，各成分对人体均具有一定的生理功效。因此，白茶宜长期饮用，不宜间断，才能很好地起到保健作用。

1. 茶多酚

白茶中的多酚类化合物简称茶多酚，主要由以下 4 类物质组成：①儿茶素类或黄烷醇类；②黄酮、黄酮醇类；③花青素、花白素类；④酚酸和缩酚酸类。其中以儿茶素类化合物含量最高，约占茶多酚总量的 70%。儿茶素类主要包括表儿茶素（EC）、表没食子儿茶素（EGC）、表儿茶素没食子酸酯（ECG）和表没食子儿茶素没食子酸酯（EGCG）等组分，可作为天然药物原料，具有"三抗"（抗肿瘤、抗氧化、抗辐射）、"三降"（降血压、降血脂、降血糖）、"三消"（消炎、消毒、消臭）等生理功效（李建国，2019；宛晓春，2003）。

政和白茶尤其是陈年老白茶的降火消炎、清热解毒功效十分突出。政和当地百姓自古就有用白茶煮饮法治疗风火牙疼、发热、水土不服等，具体方法为：用清水投入 10 克陈年老白茶（三年以上为佳），煮 3 分钟后滤出茶汤，待凉至 70℃加入大块冰糖或蜂蜜，趁热饮用。

2. 茶氨酸

研究表明，随着服用茶氨酸量的增加，熟睡时 α - 脑电波出现量明显增加，说明茶氨酸有松弛效用。茶氨酸还可作为咖啡碱的拮抗物，既能明显抑制由咖啡碱引起的神经系统兴奋而起到镇静安神、改善睡眠的作用，又可避免单独摄入咖啡碱对人体的伤害。而且，茶氨酸能通过影响脑中多巴胺等的代谢和释放而调节或预防相关的脑部疾病，如可用于对脑栓塞、脑出血、脑卒中、脑缺血以及帕金森综合征、阿尔茨海默病及传导神经功能紊乱等疾病的防治。茶氨酸还能促进神经生长和提高大脑功能，从而增进记忆力和学习功能（江用文，2011；杨亚军等，2009；袁弟顺，2006）。

茶氨酸还可通过影响末梢神经的血管系统达到降血压效果。日本静冈大学食品和营养学院的动物实验表明，喂饲高剂量的茶氨酸后（1 500～2 000 毫克／千克），人为升压的大鼠的收缩压、舒张压和平均血压均有明显下降（宛晓春，2003）。当将茶氨酸与抗癌药阿霉素同时使用时，能增强阿霉素抗癌的功效；茶氨酸还可干扰肿瘤细胞的谷氨酰胺代谢而抑制癌细胞的生长，因而茶氨酸被认为同样具有防癌抗癌的作用。此外，茶氨酸还具有增加肠道有益菌群和减少血浆胆固醇的作用，可调动人体免疫系统抵御病毒，还有保护人体肝脏、改善肾功能、延缓衰老等保健功效（江用文，2011；杨亚军等，2009）。

3. 茶多糖

茶多糖是茶叶中重要的生物活性物质之一，它的杰出功效是降血糖，在中国和日本民间，就有用粗老茶治疗糖尿病的传统（李建国，2019）。茶多糖还能降低血浆总胆固醇，对抗实验性高胆固醇血症的形成，使高脂血症的血浆总胆固醇、甘油三酯、低密度脂蛋白及中性脂下降，高密度脂蛋白上升，从而起到降血脂及抗动脉粥样硬化的作用（宛晓春，2003）。

研究表明，茶多糖具有抗凝血及抗血栓作用，能明显抑制血小板的黏附作用，降低血液黏度，还能提高纤维蛋白溶解酶活性；茶多糖不仅具有明显的抗放射性伤害的作用，而且对造血功能有明显的保护作用；茶多糖还具有降血压及减慢心率、耐缺氧及增加冠状动脉血流量的作用。此外，茶多糖不仅能激活巨噬细胞等免疫细胞，促进单核巨噬细胞系统吞噬功能，增强机体免疫力，而且能强化正常细胞抵御致癌物侵袭，提高机体抗病能力（宛晓春，2003）。

4. 咖啡碱

咖啡碱能兴奋中枢神经，主要作用于大脑皮质，使精神振奋，疲乏减轻，提高工作效率和精确度；较大剂量的咖啡碱能兴奋下级中枢和脊髓（宛晓春，2003）。研究还发现，咖啡碱与儿茶素协同能起到减肥作用，主要通过调节脂肪酸代谢相关酶的活性，促进脂肪酸的氧化及抑制脂肪的合成，从而减少了脂类在体内的沉积（杨丽聪，2011）。此外，茶叶中的咖啡碱对茶多酚的抗癌等功效也具有协同作用。另外，摄入过量的咖啡碱会对人体产生短期的负面作用。浓茶里的咖啡碱有强大的利尿作用，如果饮茶过量，不但会减少肠道对钙的吸收，增加尿钙的排出，而且会因利尿过甚而影响肾脏的功能。长期摄入咖啡碱还会使人体产生依赖性，中断后往往会产生如失眠、烦躁、头痛等一系列综合症状。鉴于咖啡碱过量摄入的负面作用，目前，美国、日本等一些国家都对茶制品中咖啡碱含量作出了限量规定。根据欧盟食品安全局的最新规定：每人每日摄入高达0.4克的咖啡碱，不会危及成年人的安全；一次性摄入高达0.2

克的咖啡碱，也在允许的安全范围之内（静清和，2019；金阳等，2017）。

5. 有机酸

研究表明，白茶水浸提液对金黄色葡萄球菌、福氏志贺氏菌、肠沙门氏菌肠亚种均有抑制作用，且浸提液浓度与抑菌效果成正比。综合来看，同等浓度的白茶浸提液对金黄色葡萄球菌的抑制作用强于对福氏志贺氏菌、肠沙门氏菌肠亚种的抑制作用，差异达极显著水平。此外，白茶抑菌圈直径与贮藏年份成负相关，贮藏年份越短的白茶，其抑菌圈直径越大，其抑菌效果越好，且相关系数较高，随着贮藏年份的增加，白茶的抑菌效果呈降低趋势（何水平，2016）。

体外模拟抑菌试验结果表明，白茶中的各有机酸组分对金黄色葡萄球菌、福氏志贺氏菌、肠沙门氏菌肠亚种均有不同程度的抑制作用，而有机酸总量与抑菌圈直径的相关性达到极显著正相关，且相关性较高，说明白茶有机酸含量越高，其抑菌效果越好（何水平，2016）。

6. 维生素

如今，全世界都已经开始利用槲皮素与其配糖体（芸香素）治疗数种疾病，有人将两者合并称为维生素 P，维生素 P 是能从多方面保护人体的抗氧化剂，可抑制化学致癌物的生成；预防脑卒中、心脏病与其他慢性疾病；抵抗滤泡性口腔炎病毒与脑心肌炎病毒；避免组织胺释出引起的过敏反应；预防糖尿病引起的白内障等等（Frank Murray，2019）。槲皮素在白茶的加工过程中得到了较好的保留。有研究表明：福鼎白毫银针的槲皮素含量显著高于政和白毫银针，福鼎白牡丹的杨梅素、槲皮素含量均显著高于政和白牡丹（何丽梅，2014）。

政和白茶中含有丰富的维生素 A 原，它被人体吸收后，能迅速转化为维生素 A，可预防夜盲症与眼干燥症，起到养目作用。因此，政和白茶特别适合长期长时间面对着电脑办公的人士饮用（政和县地方志编纂委员会，2018）。

（四）政和白茶的健康饮法

政和白茶可长期饮用，但如果喝茶方法不当，也可能对人体造成一定程度的伤害。例如喝过热的茶可能是食道癌的发病因素之一，还有过浓、过陈、过量等不当的饮茶方法都有直接或间接性的致病可能。因此，要充分发挥政和白茶的养生保健作用，讲究科学的喝茶方法是很有必要的。

一是应根据不同季节、不同时间和个人身体状况选择不同的茶类和品类，还要讲究科学的冲泡方法，综合考虑茶具、水质、水温、茶水比、浸泡时间、冲泡次数等因素。

二是一般有饮茶习惯的健康成年人，一日饮茶量宜12～15克，同时要分3～4次冲泡。对于体力劳动量大、消耗多、进食量也大的人，特别是工作于高温环境或是接触毒害物质较多的人，一日饮茶量可以增加到20克左右，进油腻食物较多、烟酒量大的人也可以适当增加饮茶量，而孕妇和儿童、神经衰弱者、心律过速者，饮茶量应适当减少（程伟，2019）。

三是新茶特别是存放时间很短（少于30天）的"时鲜茶"不可饮用过多、过急。因为新制成的茶叶中醛类、醇类等物质含量较高，这些物质对胃肠黏膜具有较强的刺激作用，胃功能较差的人饮用后易引起胃痛。饭前饭后也不宜大量饮茶，饭前空腹饮茶会冲淡消化液并降低食欲。饭后喝茶，会延长食物消化时间，增加胃的负担（沈培和，1988）。

四是喝茶宜清淡，不宜过浓。因为浓茶中含有大量的鞣酸，喝浓茶可使胃黏膜收缩，蛋白质凝固沉淀，从而影响胃的消化功能；而且，浓茶中过多的鞣酸会与维生素 B_1 结合，容易引起维生素 B_1 缺乏症。喝浓茶还会减弱胃肠对食物中铁的吸收，久而久之会引起贫血。患高血压病、心血管病、糖尿病、肾炎及肝炎的病人，空腹饮浓茶会使病情加重。晚上饮浓茶，会使人兴奋，造成失眠。产妇哺乳期饮浓茶，会导致乳汁分泌减少（孟庆轩等，2009）。

　　五是喝茶应现泡现喝为好，要喝温茶、热茶，不宜饮隔夜茶，因为茶水搁置过久，其中的维生素 C、维生素 P 等营养素会大量损失，鞣酸则会被氧化变成对肠胃有刺激性的氧化物，而且茶水中的蛋白质、糖类等营养成分也易因细菌、真菌的繁殖而发生变化，乃至使茶水变质（孟庆轩等，2009）。

　　六是一般来说不要用茶汤服药，因为茶中含有大量鞣酸，它具有很强的收敛性，容易与药物中的蛋白质、含铁化合物等发生化学作用而降低药物疗效；茶叶中的咖啡碱还会对所服药物产生一定的副作用，如抵消某些药物的镇静作用而使药物失效（孟庆轩等，2009）。

　　七是酒后不宜喝浓茶。人们饮酒后酒中乙醇通过胃肠道进入血液，在肝脏中转化成为乙醛，再转化成乙酸，由乙酸分解成二氧化碳和水而排出。喝浓茶不仅解不了酒，而且浓茶中茶碱的利尿作用会促进尚未分解的乙醛过早地进入肾脏内，而乙醛是一种对肾脏有较大刺激性的有害物质，所以经常酒后喝浓茶的人易发生肾病。再者，酒中的乙醇对心血管的刺激性很大，喝下同样高浓度且有兴奋心脏作用的茶，双管齐下，更增强了对心脏的刺激，所以心脏病患者酒后喝茶危害更大（万里，2016）。

（福建政和瑞茗茶业有限公司　供图

参考文献

《南平茶志》编纂委员会，2019．南平茶志 [M]．福州：福建科学技术出版社．

陈常颂，余文权，2016．福建省茶树品种图志 [M]．北京：中国农业科学技术出版社．

陈椽，1984．茶业通史 [M]．北京：中国农业出版社．

陈宗懋，2000．中国茶叶大辞典 [M]．北京：中国轻工业出版社．

陈宗懋，杨亚军，2011．中国茶经 [M]．上海：上海文化出版社．

陈宗懋，杨亚军，2013．中国茶叶词典 [M]．上海：上海文化出版社．

程伟，2019．古今特效茶疗法 [M]．北京：中国医药科技出版社．

丁文，2010．中华茶典 [M]．西安：陕西人民出版社．

法兰克·莫瑞(Frank Murray)，2019．100 种健康营养素完全指南 [M]．刘逸轩，译．汕头：汕头大学出版社．

福建大与实业有限公司，福建省茶产业技术创新联盟，福建省种植业技术推广总站，等，2021．老白茶：T/CSTEA 00021–2021[S]．中华人民共和国国家质量监督检验检疫总局，中国国家标准化管理委员会．

福建省福鼎市质量计量检测所，中华全国供销合作总社杭州茶叶研究院，福建农林大学等，2015．紧压白茶：GB/T 31751–2015[S]．中华人民共和国国家质量监督检验检疫总局，中国国家标准化管理委员会．

福建省农业科学院茶叶研究所，1980．茶树品种志 [M]．福州：福建人民出版社．

福建省政和县质量技术监督局，福建省技术监督情报研究所，政和县茶叶总站，等，2008．地理标志产品 政和白茶：GB/T 22109–2008[S]．中华人民共和国国家质量监督检验检疫总局，中国国家标准化管理委员会．

顾谦等，2002．茶叶化学 [M]．合肥：中国科学技术大学出版社．

何丽梅，2014．白茶色泽及香气的指纹图谱分析 [D]．福州：福建农林大学．

何水平，2016．白茶有机酸及其体外抑菌效果研究 [D]．福州：福建农林大学．

胡金祥，2020．白茶理化成分的分析与花色苷的结构鉴定 [D]．杭州：浙江大学．

黄赟，2013．福建白茶化学成分与感官品质研究初报 [D]．福州：福建农林大学．

江用文，2011．中国茶产品加工 [M]．上海：上海科学技术出版社．

江用文，童启庆，2008．茶艺师培训教材 [M]．北京：金盾出版社．

金心怡，陈济斌，吉克温，2003．茶叶加工工程 [M]．北京：中国农业出版社．

金阳，刘亚峰，赵玉香，等，2017．茶叶中咖啡碱的研究进展及展望 [J]．中国茶叶加工（5/6）：38-43．

静清和，2019．茶与健康 [M]．南京：江苏凤凰文艺出版社．

李建国，2019．白茶新语 [M]．北京：文化发展出版社．

李隆智等，2019．政和白茶 [M]．福州：福建科学技术出版社．

梁月荣，2004．绿色食品茶叶生产顶尖指南 [M]．北京：中国农业出版社．

林郑和，2008．白茶加工环境控制及其对品质影响的探讨 [J]．茶叶科学技术（3）：38-39．

刘琳燕，2015．贮藏白茶的品质特性与清除自由基能力的研究 [D]．福州：福建农林大学．

骆耀平，2015．茶树栽培学 [M]．北京：中国农业出版社．

孟庆轩，陈国珍，2009．生活中的不宜 240 则 [M]．北京：金盾出版社．

南平市文化和旅游局，中共南平市委党史和地方志研究室，2019．闽北记忆 [M]．厦门：鹭江出版社．

潘根生，方辉遂，等，1995．茶业大全 [M]．北京：中国农业出版社．

戚穗坚，杨丽，2018．普通高等教育"十五"国家级规划教材 食品分析实验指导 [M]．北京：中国轻工业出版社．

沈培和，1988．饮茶卫生漫谈 [J]．中国茶叶（3）：38．

施兆鹏，黄建安，2010．茶叶审评与检验（第四版）[M]．北京：中国农业出版社．

宛晓春，2003．茶叶生物化学 第 3 版 [M]．北京：中国农业出版社．

万里，2016．爸爸健康手册 [M]．北京：金盾出版社．

王超，2020．宋代茶叶产区、产量及品名研究 [D]．合肥：安徽农业大学．

王开荣，2006．白化茶种质资源综合性状研究 [D]．杭州：浙江大学．

王云，李春华，唐晓波，2016．科学种茶与加工 [M]．成都：四川科学技术出版社．

危赛明，2019．中国白茶史 [M]．北京：中国农业出版社．

吴觉农, 2005. 茶经述评 [M]. 2 版. 北京：中国农业出版社.

熊源泉, 2014. 政和文史 第 18 辑 雪斋文存 [M]. 福州：福建省地图出版社.

杨东甫, 2011. 中国古代茶学全书 [M]. 桂林：广西师范大学出版社.

杨丰, 2017. 政和白茶 [M]. 2 版. 北京：中国农业出版社.

杨江帆, 南强等, 2018. 武夷茶大典 [M]. 福州：福建人民出版社.

杨丽聪, 2011. 咖啡碱和儿茶素组合对小鼠脂肪代谢的影响 [D]. 南昌：江西
农业大学.

杨亚军, 2005. 中国茶树栽培学 [M]. 上海：上海科学技术出版社.

杨亚军, 梁月荣, 2014. 中国无性系茶树品种志 [M]. 上海：上海科学技术出
版社.

杨亚军等, 2009. 评茶员培训教材 [M]. 北京：金盾出版社.

杨扬, 2009. 茶话政和 [M]. 福州：海潮摄影艺术出版社.

叶乃兴, 刘金英, 郑德勇, 等, 2010. 白茶品种茸毛的生化特性 [J]. 福建农
林大学学报（自然科学版）, 39（4）：356-360.

袁弟顺, 2006. 中国白茶 [M]. 厦门：厦门大学出版社.

张星海, 2011. 茶叶生产与加工技术 [M]. 杭州：浙江工商大学出版社.

张忠诚, 2000. 中国农村实用科技百科全书 第 2 卷 [M]. 北京：光明日报出
版社.

郑乃辉等, 2011. 茶叶加工新技术与营销 [M]. 北京：金盾出版社.

政和县地方志编纂委员会, 2018. 政和茶志 [M]. 福州：海峡书局.

中国人民政治协商会议福建省政和县委员会文史资料工作组, 1982. 政和县文
史资料 第 2 辑 [M]. 政和：政和县印刷厂.

中华全国供销合作总社杭州茶叶研究院, 国家茶叶质量监督检验中心, 厦门华
祥苑茶业股份有限公司, 2013. 茶 取样：GB/T 8302-2013[S]. 中华人民共
和国国家质量监督检验检疫总局, 中国国家标准化管理委员会.

中华全国供销合作总社杭州茶叶研究院, 浙江天赐生态科技有限公司, 浙江省
茶叶集团股份有限公司等, 2013. 茶叶贮存：GB/T 30375-2013[S]. 中华人
民共和国国家质量监督检验检疫总局, 中国国家标准化管理委员会.

附录

附录一

《地理标志产品　政和白茶》
（GB/T 22109—2008）
（节选）

6　要求

6.1　自然环境

6.1.1　地理特征

政和县地形地貌属东南沿海丘陵区，呈东高西低走势，由东北向西南倾斜。境内多山，政和白茶种植区主要分布在海拔 200 m～800 m 地带。

政和县境内溪流密布，纵横交错，溪流密度为 0.25 km/km^2，年平均径流量 19.8 亿 m^3。

……

6.5　成品茶质量

6.5.1　感官品质

6.5.1.1　茶叶品质正常，无异味、无霉变、无劣变、不着色，不添加任何添加剂，不含非茶类夹杂物。

6.5.1.2　白毫银针感官指标应符合表 1 的规定。

表 1　白毫银针感官指标

项目	外形				内质			
	嫩度	色泽	形态	净度	香气	滋味	汤色	叶底
感官指标	毫芽肥壮	毫芽银白或灰白	单芽肥壮，满披茸毛	净	鲜嫩清纯，毫香明显	清鲜纯爽，毫味显	浅杏黄，清澈明亮	全芽，肥嫩，明亮

6.5.1.3 白牡丹感官指标应符合表 2 的规定。

表 2 白牡丹感官指标

项目		级别		
		特级	一级	二级
外形	嫩度	芽肥壮，毫显	毫芽显，叶张匀嫩	有毫芽，叶张尚嫩
	色泽	毫芽银白，叶面灰绿，叶背有白茸毛，灰绿透银白色	毫芽银白，叶面灰绿或暗绿，部分叶背有茸毛，有嫩绿片	叶面暗绿，稍带少量黄绿叶或暗褐叶
	形态	叶抱芽，芽叶连枝，匀整，叶缘垂卷	芽叶连枝，尚匀整，有破张，叶缘垂卷	部分芽叶连枝，破张稍多
	净度	无蜡叶和老梗，净	无蜡叶和老梗，较净	无蜡叶和老梗，有少量嫩绿片和轻片
内质	香气	鲜嫩清纯，毫香明显	清鲜，有毫香	尚清鲜，略有毫香
	滋味	清鲜纯爽，毫味显	尚清鲜、有毫味	醇和
	汤色	浅杏黄，明亮	黄，明亮	黄，尚亮
	叶底	毫芽肥壮，叶张嫩，叶芽连枝，色淡绿，叶梗、叶脉微红，叶底明亮	毫芽稍多，叶张嫩，尚完整，叶脉微红，叶底尚明亮	稍有毫芽，叶张尚软，叶脉稍红，有破张

附录二

《白茶》
（GB/T 22291—2017）
（节选）

3 术语和定义

GB/T 14487 界定的以及下列术语和定义适用于本文件。

3.1 白毫银针 Baihaoyinzhen

以大白茶或水仙茶树品种的单芽为原料，经萎凋、干燥、拣剔等特定工艺过程制成的白茶产品。

3.2 白牡丹 Baimudan

以大白茶或水仙茶树品种的一芽一、二叶为原料，经萎凋、干燥、拣剔等特定工艺过程制成的白茶产品。

3.3 贡眉 Gongmei

以群体种茶树品种的嫩梢为原料，经萎凋、干燥、拣剔等特定工艺过程制成的白茶产品。

3.4 寿眉 Shoumei

以大白茶、水仙或群体种茶树品种的嫩梢或叶片为原料，经萎凋、干燥、拣剔等特定工艺过程制成的白茶产品。

4 产品与实物标准样

4.1 白茶根据茶树品种和原料要求的不同，分为白毫银针、白牡丹、贡眉、寿眉四种产品。

4.2 每种产品的每一等级均设实物标准样，每三年更换一次。

5 要求

5.1 基本要求

具有正常的色、香、味，不含有非茶类物质和添加剂，无异味，无异嗅，无劣变。

5.2 感官品质

......

5.2.3 贡眉的感官品质应符合表3的规定。

表3 贡眉的感官品质

级别	项目							
	外形				内质			
	条索	整碎	净度	色泽	香气	滋味	汤色	叶底
特级	叶态卷、有毫心	匀整	洁净	灰绿或墨绿	鲜嫩,有毫香	清甜醇爽	橙黄	有芽尖、叶张嫩亮
一级	叶态尚卷、毫尖尚显	较匀	较洁净	尚灰绿	鲜纯,有嫩香	醇厚尚爽	尚橙黄	稍有芽尖、叶张软尚亮
二级	叶态略卷稍展、有破张	尚匀	夹黄片、铁板片、少量蜡片	灰绿稍暗、夹红	浓纯	浓厚	深黄	叶张较粗、稍摊、有红张
三级	叶张平展、破张多	欠匀	含鱼叶、蜡片较多	灰黄夹红稍葳	浓、稍粗	厚、稍粗	深黄微红	叶张粗杂、红张多

5.2.4 寿眉的感官品质应符合表4的规定。

表4 寿眉的感官品质

级别	项目							
	外形				内质			
	条索	整碎	净度	色泽	香气	滋味	汤色	叶底
一级	叶态尚紧卷	较匀	较洁净	尚灰绿	纯	醇厚尚爽	尚橙黄	稍有芽尖、叶张软尚亮
二级	叶态略卷稍展、有破张	尚匀	夹黄片、铁板片、少量蜡片	灰绿稍暗、夹红	浓纯	浓厚	深黄	叶张较粗、稍摊、有红张

5.3 理化指标

理化指标应符合表 5 的规定。

表 5　理化指标

项目		指标
水分（质量分数）/%	≤	8.5
总灰分（质量分数）/%	≤	6.5
粉末（质量分数）/%	≤	1.0
水浸出物（质量分数）/%	≥	30
注：粉末含量为白牡丹、贡眉和寿眉的指标。		

附录三

《白茶储存技术规范》

（DB35/T 1896—2020）

（节选）

3 要求

3.1 库房要求

3.1.1 库房选址

3.1.1.1 应选择在交通运输便利以及不受洪水、潮水或内涝威胁的干燥地带。

3.1.1.2 选址应符合 GB 14881 的要求，并离垃圾处理场、畜牧场、医院、粪池 500 m 以上，离经常喷施农药的农田 100 m 以上，远离排放"三废"的工业企业。

3.1.2 库房布置

3.1.2.1 应符合用地规划，与生活区、生产区分开，符合仓储流程，方便运输，利于管理。

3.1.2.2 应结合当地气象条件，考虑便于自然通风的朝向。

3.1.2.3 库房区域道路应满足运输、消防、安全、卫生的要求。

3.1.2.4 库房值班室宜单独设置在管理便利的位置。

......

3.1.4 库房环境控制

3.1.4.1 温度

库房内宜有通风散热措施，仓储时温度宜≤35℃。

3.1.4.2 湿度

库房内应有除湿措施，相对湿度宜≤50%。

3.1.4.3 光线

应避光保存，避免阳光直射。

3.1.4.4 空气质量

应符合 GB/T 18883 的要求。

3.2 产品要求

白茶产品应符合 GB/T 22291 和 GB/T 31751 的规定，当年白茶入库时，含水量宜控制在 4%～6%。

3.3 包装材料要求

3.3.1 应用无毒、无异味、无污染的材料制成。

3.3.2 内包装材料应符合 GB 4806.7、GB 4806.8 和 GB 9683 的规定。

3.3.3 外包装材质、标识涂料及密封胶应符合 GH/T 1070 的规定。宜采用纸箱、木箱等硬质容器，搬运过程可承受一定的冲击，储存和运输过程中保持清洁卫生，密封性能满足要求。

……

4 保质措施

4.1 防潮措施

4.1.1 防潮设施

货架应结构牢固，宜采用环保、无异味的塑料垫板或木板作为货架层板，货架离地高度宜≥0.15 m。

4.1.2 自然通风防潮

在晴天、无雾、空气清新干燥时可通风透气。

4.1.3 吸潮法防潮

可用生石灰、木炭等吸湿剂吸收空气中水分。

附录 A

入库记录单

表 A.1 给出了白茶产品入库时的记录和标识内容。

表 A.1　入库记录单

名称		等级	
产地		批次号（生产日期）	
包装		数量（重量）	
日期	进仓数量	出仓数量	结存数量

仓管员：＿＿＿＿＿＿＿

附录四

《老白茶》
（T/CSTEA 00021—2021）
（节选）

3 术语和定义

下列术语和定义适用于本文件。

3.1

老白茶

在阴凉、干燥、通风、无异味且相对密封避光的贮存环境条件下，经缓慢氧化，自然陈化五年及以上、明显区别于当年新制白茶、具有"陈香"或"陈韵"品质特征的白茶。

3.2

陈韵

老白茶所呈现出的"陈醇润活"的品质特征。

3.3

陈蜜型老白茶

香气呈现花蜜香、果蜜香、奶蜜香、梅子香等，滋味以甜醇蜜韵为主要品质风格的老白茶。

3.4

陈醇型老白茶

香气呈现荷香、糯香、枣香、稻谷香等，滋味以陈醇温润为主要品质风格的老白茶。

3.5

陈药型

香气呈现药香、参香、木香等，滋味以醇厚润活为主要品质风格的老白茶。

4 产品分类分级

4.1 按原料工艺分类分级

老白茶按原料与工艺不同，可分为散茶老白茶和紧压老白茶两类；散茶老白茶和紧压老白茶均包括白毫银针、白牡丹、贡眉、寿眉。

分级按 GB/T 22291、GB/T 31751 的规定执行。

4.2 按品质风格分类分级

老白茶按品质风格分为陈蜜型、陈醇型、陈药型三类，每一类分为一级、二级、三级。

……

5.3 感官品质要求

应符合表1的规定。

表1 老白茶感官品质

类别	品质等级	外形		内质				
		原料规格等级	色泽	汤色	香气	滋味	叶底	
陈蜜型老白茶	一级	按原料产品标准	褐绿至黄褐	蜜黄至橙黄，明亮	陈纯浓郁（带花、果、蜜、奶等香）	醇和甜润，陈韵显	软亮	
	二级			蜜黄至橙黄，较明亮	陈香较浓（带花、果、蜜、奶等香）	较甘醇，陈韵较显	较软亮	
	三级			蜜黄至橙黄，尚亮	陈香尚纯（带花、果、蜜、奶等香）	醇和有陈韵	尚软亮	
陈醇型老白茶	一级		黄褐至红褐	橙黄至橙红，透亮	陈纯浓郁（带荷、糯、枣、谷等香）	浓醇甘润，陈韵显	软亮	
	二级			橙黄至橙红，较明亮	陈纯较浓（带荷、糯、枣、谷等香）	较浓醇，陈韵显	较软亮	
	三级			橙黄至橙红，尚亮	尚陈纯（带荷、糯、枣、谷等香）	醇和，陈韵较显	尚软亮	
陈药型老白茶	一级		红褐至乌褐	橙红至深红，通透亮丽	陈纯浓郁（带药、参、木等香）	醇厚润活，陈韵显露	软亮	
	二级			橙红至深红，较通透有光泽	陈纯较浓（带药、参、木等香）	醇厚较润，陈韵显	较软亮	
	三级			橙红至深红，尚亮	陈尚纯，较浓郁（带药、参、木等香）	醇厚尚润，陈韵显	尚软亮	

附录五

《茶叶感官审评方法》
（GB/T 23776—2018）
（节选）

5.3 审评方法

5.3.1 外形审评方法

5.3.1.1 将缩分后的有代表性的茶样 100 g～200 g，置于评茶盘中，双手握住茶盘对角，用回旋筛转法，使茶样按粗细、长短、大小、整碎顺序分层并顺势收于评茶盘中间呈圆馒头形，根据上层（也称面张、上段）、中层（也称中段、中档）、下层（也称下段、下脚），按 5.2 的审评内容、用目测、手感等方法，通过翻动茶叶、调换位置，反复察看比较外形。

5.3.1.2 初制茶按 5.3.1.1 方法，用目测审评面张茶后，审评人员用手轻轻地将大部分上、中段茶抓在手中，审评没有抓起的留在评茶盘中的下段茶的品质，然后，抓茶的手反转、手心朝上摊开，将茶摊放在手中，用目测审评中段茶的品质。同时，用手掂估同等体积茶（身骨）的重量。

5.3.1.3 精制茶按 5.3.1.1 方法，用目测审评面张茶后，审评人员须手握住评茶盘，用"簸"的手法，让茶叶在评茶盘中从内向外按形态呈现从大到小的排布，分出上、中、下档，然后目测审评。

5.3.2 茶汤制备方法与各因子审评顺序

5.3.2.1 红茶、绿茶、黄茶、白茶、乌龙茶（柱形杯审评法）

取有代表性茶样 3.0 g 或 5.0 g，茶水比（质量体积比）1∶50，置于相应的评茶杯中，注满沸水、加盖、计时，按表1选择冲泡时间，依次等速滤出茶汤，留叶底于杯中，按汤色、香气、滋味、叶底的顺序逐项审评。

表1　各类茶冲泡时间

茶类	冲泡时间 /min
绿茶	4
红茶	5
乌龙茶（条型、卷曲型）	5
乌龙茶（圆结型、拳曲型、颗粒型）	6
白茶	5
黄茶	5

......

5.3.2.4　紧压茶（柱形杯审评法）

称取有代表性的茶样 3.0 g 或 5.0 g，茶水比（质量体积比）1∶50，置于相应的审评杯中，注满沸水，依紧压程度加盖浸泡 2 min～5 min，按冲泡次序依次等速将茶汤沥入评茶碗中，审评汤色、嗅杯中叶底香气、尝滋味后，进行第二次冲泡，时间 5 min～8 min，沥出茶汤依次审评汤色、香气、滋味、叶底。结果以第二泡为主，综合第一泡进行评判。

......

5.3.3　内质审评方法

5.3.3.1　汤色

根据 5.2 的审评内容目测审评茶汤，应注意光线、评茶用具等的影响，可调换审评碗的位置以减少环境光线对汤色的影响。

5.3.3.2　香气

一手持杯，一手持盖，靠近鼻孔，半开杯盖，嗅评杯中香气，每次持续 2 s～3 s，后随即合上杯盖。可反复 1 次～2 次。根据 5.2 的审评内容判断香气的质量，并热嗅（杯温约 75℃）、温嗅（杯温约 45℃）、冷嗅（杯温接近室温）结合进行。

5.3.3.3　滋味

用茶匙取适量（5 mL）茶汤于口内，通过吸吮使茶汤在口腔内循环打转，接触舌头各部位，吐出茶汤或咽下，根据 5.2 的审评内容审评滋味。审评滋味适宜的茶汤温度为50℃。

5.3.3.4 叶底

精制茶采用黑色叶底盘，毛茶与乌龙茶等采用白色搪瓷叶底盘，操作时应将杯中的茶叶全部倒入叶底盘中，其中白色搪瓷叶底盘中要加入适量清水，让叶底漂浮起来。根据5.2的审评内容，用目测、手感等方法审评叶底。

……

6.3.4 结果计算

6.3.4.1 将单项因子的得分与该因子的评分系数相乘，并将各个乘积值相加，即为该茶样审评的总得分。计算式如式（3）：

$$Y=A \times a+B \times b+\cdots E \times e \qquad \cdots\cdots\cdots\cdots\cdots（3）$$

式中：

Y——茶叶审评总得分；

A、$B\cdots E$——表示各品质因子的审评得分；

a、$b\cdots e$——表示各品质因子的评分系数。

6.3.4.2 各茶类审评因子评分系数见表4。

表4　各茶类审评因子评分系数　　　　　　　　　%

茶类	外形（a）	汤色（b）	香气（c）	滋味（d）	叶底（e）
绿茶	25	10	25	30	10
工夫红茶（小种红茶）	25	10	25	30	10
（红）碎茶	20	10	30	30	10
乌龙茶	20	5	30	35	10
黑茶（散茶）	20	15	25	30	10
紧压茶	20	10	30	35	5
白茶	25	10	25	30	10
黄茶	25	10	25	30	10
花茶	20	5	35	30	10
袋泡茶	10	20	30	30	10
粉茶	10	20	35	35	0

6.3.5 结果评定

根据计算结果，审评的名次按分数从高到低的次序排列。

如遇分数相同者，则按"滋味→外形→香气→汤色→叶底"的次序比较单一因子得分的高低，高者居前。

附录六

政和 茶生活掠影

附图6-1 茶店空间（1）

（福建省祥福工艺有限公司 供图）

附图6-2 茶店空间（2）

（福建省祥福工艺有限公司 供图）

附图6-3 茶馆空间——茶席（1）

（福建省祥福工艺有限公司 供图）

附图6-4　茶馆空间——茶席（2）

（福建省祥福工艺有限公司　供图）

附图6-5　轻简旅行茶具

（福建省祥福工艺有限公司　供图）

禅茶疗愈中心

博物馆酒店
茶圃书馆
客会厅
馆藏品鉴中心

白茶文化中心

国学茶胚房

馆藏精制中心

大与书院

藏茶馆

博物馆主馆

行政管理中心

茶博苑

附图6-6　中国白茶博物馆设计效果图

（中国白茶博物馆　供图）

附图6-7　网纹单耳杯（新石器时代晚期）（中国白茶博物馆藏）

（中国白茶博物馆　供图）

附图6-8　建盏（宋代）（中国白茶博物馆藏）

（中国白茶博物馆　供图）

附录七

政和 十大最美绿色生态茶园

附图 7-1　镇前镇罗金山茶园
（镇前镇人民政府　供图）

附图 7-2　东平镇凤头村起凤林茶园
（张鑫　摄影）

罗金山茶园位于镇前镇镇前村罗金山，面积 360 亩，遵循生态农业要求，茶园植被覆盖率 85%。茶园茶树品种主要有福安大白、白芽奇兰、梅占、水仙、小菜茶等，采摘的鲜茶叶主要用于生产政和白茶、政和工夫红茶和绿茶等。茶园首创"大学生创业园＋合作社＋农户"的发展模式，以茶为"媒"，集观茶、采茶、制茶、品茶一体，并向旅游休闲延伸，实现文旅结合、茶旅互动。建有茶叶加工厂、茶园喷灌系统、休闲木栈道、生态停车场、茶体验馆、自行车道、休闲垂钓等配套基础设施。

起凤林茶园位于东平镇凤头村下凤林，平均海拔 210 米，2001年 7 月，时任福建省省长的习近平同志来到下凤林茶山考察调研，作出"用一片叶子带富一方百姓"的重要嘱托。该基地一期建成面积600 余亩，主推标准化采摘、清洁化加工、病虫害绿色防治技术。基地建有机耕道、蓄水池、行道树等基础设施，并严格按照无公害、绿色食品、有机茶的要求，通过在茶园安装杀虫灯、插上黄蓝板等方式，科学防治茶叶病虫害，实现对茶园的精细化管理。

瑞和福茶谷茶园位于杨源乡桃洋村三山，为20世纪80年代在古贡茶园基础上建设，连通杨源凤山古茶道，集中连片面积450余亩，主栽白茶系列品种。茶园距离宁武高速杨源互通3千米，为政和县所有茶园距离出海港口以及省会福州最近的茶园；茶园海拔956米，年均温度14.7°，四季分明，昼夜温差大，森林覆盖率高，有典型的"南原北国"气候特征。茶园毗邻洞宫山景区，屏南白水洋景区；茶园所在地杨源四平戏、新娘茶等地方特色文化厚重，为"三茶"融合发展奠定坚实基础。

附图 7-3　杨源乡瑞和福茶谷茶园

（林俊锦　摄影）

白鹭窠茶园位于铁山镇大红村佛光山，基地规划面积有1 100亩，致力于打造标准化生态茶园，包含优质茶树的选育、土壤改良、茶园道路拓宽、景观台建设以及茶旅融合发展宣传展示等一些基础配套设施。硬化机耕道、观景亭、步行栈道、智慧杆、旅游公厕和照明等配套设施建设齐全。

附图 7-4　铁山镇大红村白鹭窠茶园

（黄海屿　摄影）

莲花山茶园位于星溪乡富美村洋尾莲花山上，距城关约5.1千米，这里的青山披翠，景色宜人，土地肥厚，土壤为红壤土，硒含量达到0.555毫克/千克，有独特的小盆地气候，年平均降水量1630毫米。近年，茶园进行花化美化，补种樱花、杜鹃等，并推进建设茶山涵养林，保障茶园生物多样性。茶园建有5米宽硬化上山道路，茶园步道400多米、茶山观光亭2座等。

附图7-5 星溪乡富美村莲花山茶园
（陈亮 摄影）

言午茶业茶园位于澄源乡林山村龙咬山，种植基地拥有生态茶园3600余亩，其中870亩经过有机认证。整个茶园基地海拔均在960～1100米的高山上，山中终年云雾缭绕，水汽充沛，气温适宜且土壤肥沃，加之山脚下的下温洋水库，形成了零污染的茶树绝佳生长环境。生态环境、自然资源和地理位置都堪称政和白茶种植的核心产区。870亩的有机高山茶园种植过程中，更是遵循自然法道，坚持全程严格按照有机标准管理，从源头上保证了产品的无污染。

附图7-6 澄源乡林山言午茶业茶园
（陈亮 摄影）

虎头际茶园位于岭腰乡锦屏村古茶园，是福建政和瑞春茶业有限公司采用"公司＋农户＋基地"的形式建设的茶园基地，基地位于国家 3A 级旅游景区政和县岭腰乡锦屏村遂应茶场，茶园面积 277 亩，公司占地面积近 5 000 平方米，年产高品质政和白茶近 150 余吨，主要产品有政和白茶、政和功夫红茶、绿茶、锦屏仙岩茶等，是集茶叶种植、自动化加工生产、茶产品展示、研发以及茶产业生态文化旅游等为一体化的大型综合茶文化体验式休闲旅游区。

附图 7-7　岭腰乡锦屏村虎头际茶园
（岭腰乡人民政府　供图）

石仔岭生态茶园位于澄源乡澄源村石仔岭，是华东片区最大的高山台地连片生态茶园，前身是始建于 1976 年的澄源乡茶场，2007 年改制由福建省政和县云根茶业有限公司经营管理，是该公司的产茶基地。现有茶园面积 5 000 余亩，茶园里还有保留有 300 余亩生长达 200 余年的小菜茶。石仔岭生态茶园因建在各个山包上，山丘绵连，构成一幅幅美丽的画卷。

附图 7-8　澄源乡石仔岭茶园
（陈亮　摄影）

红岩岗茶园位于石屯镇西津畲族村松溪河畔，距离 G528 国道 1.5 千米，3.5 米宽的水泥路沿着松溪河畔直通茶园，交通便利。规划建设茶园 300 亩，一期已建设 200 多亩。2022 年获评南平市绿色生态茶园示范基地。

附图 7-9　石屯镇西津畲族村红岩岗茶园

（石屯镇人民政府　供图）

平岩茶园位于东平镇茗博茶业平岩有机基地，海拔 450～750 米，是由原政和劳改农场开发种植。该片基地共有 385 亩，位于 X840 县道边上，交通方便，基地已完成有机转换管理，机耕道完善，安装杀虫灯、黄板等设施的有机化管理茶园，是目前政和县较为规范标准的有机茶园。

附图 7-10　东平镇平岩茶园

（熊玲　摄影）